长江中下游粳稻

CHANGJIANG ZHONGXIAYOU
JINGDAO SHENGCHAN
JISHU WENDA

生产技术问答

万克江　章秀福　主编

U0395250

中国农业出版社

北　京

图书在版编目（CIP）数据

长江中下游粳稻生产技术问答 / 万克江，章秀福主编 . —北京：中国农业出版社，2021.6
ISBN 978-7-109-27856-1

Ⅰ.①长… Ⅱ.①万… ②章… Ⅲ.①长江中下游－粳稻－水稻栽培－问题解答 Ⅳ.①S511.2-44

中国版本图书馆 CIP 数据核字（2021）第 019733 号

中国农业出版社出版
地址：北京市朝阳区麦子店街 18 号楼
邮编：100125
责任编辑：黄　宇　张洪光　丁瑞华　文字编辑：李瑞婷
版式设计：王　晨　责任校对：沙凯霖
印刷：中农印务有限公司
版次：2021 年 6 月第 1 版
印次：2021 年 6 月北京第 1 次印刷
发行：新华书店北京发行所
开本：850mm×1168mm　1/32
印张：4.25
字数：120 千字
定价：28.00 元

编 写 名 单

主　　编：万克江　章秀福
副主编：霍中洋　褚　光　梁　健
编写人员：（按姓氏笔画排序）

万克江　石庆华　冯宇鹏　吕修涛
杨惠成　贺　娟　徐　轲　高　辉
黄　山　章秀福　梁　健　曾研华
褚　光　霍中洋

前言
FOREWORD

　　水稻是我国最主要的口粮作物，全国 60% 以上的人口以稻米为主食，常年种植面积约 4.5 亿亩，其中粳稻约为 1.4 亿亩，约占总面积的 30%。随着人们生活水平提高和消费习惯改变，人们对粳稻的需求量不断增大。因地制宜发展粳稻生产对于保障口粮安全、满足市场需求、提高种稻效益和提升稻米品质具有重要意义。

　　近年来，长江流域部分地区积极推进粳稻发展，筛选了一批品质优、产量高、抗性强的粳稻品种，配套了绿色高质高效生产技术，集成了"早籼晚粳""一季中粳＋冬作"等高效种植生产模式。为稳步推进长江流域粳稻发展，总结宣传各地发展中的技术成果，我们组织专家编写了《长江中下游粳稻生产技术问答》。本书采用问答形式，系统介绍了长江流域粳稻生产的基本概念和技术要点，主要包括粳稻生产发展现状与潜力、生物学特性、区域适应性与品种选择、育秧移栽技术、水肥管理技术、病虫草害防治及绿色优质高效与产业化等七个方面，以期为长江流域粳稻生产发展提供技术支撑。

本书的编辑出版得到了有关专家和相关省农业技术推广部门的大力支持,在此一并致以衷心感谢!由于时间有限,本书不足之处敬请广大读者批评指正。

编 者

2020 年 8 月

目 录
CONTENTS

前言

一、粳稻发展现状与潜力

1. 粳稻在我国水稻生产中的地位如何？

近年来，随着国民经济的快速发展，人们生活水平不断提高，膳食结构也在逐步发生变化，北方的"面食改米食"、南方的"籼米改粳米"趋势日渐明显，我国人均粳米年消费量已由20年前的17.5千克迅速增加到现在的30千克。消费需求的增长，拉动粳米价格的大幅度上扬，促进了近年来粳稻生产的快速发展。截至2015年，我国粳稻总种植面积已达967万公顷，占全国水稻种植总面积的32%；总产7 290万吨，占全国水稻总产量的35%。粳稻生产对保障我国粮食安全、促进社会稳定具有重要意义。

2. 我国粳稻种植区域有哪些？粳稻优势区域是如何规划的？

目前我国粳稻种植区域分布广阔，除青藏高原外，北至黑龙江，南至海南岛，西至新疆，东至台湾岛，高至云贵高原，都有粳稻种植。粳稻生产主要分布在以下几个优势区：

（1）东北优势区

该区包括辽宁、吉林、黑龙江及内蒙古的赤峰市、通辽市、呼伦贝尔市和兴安盟。区域内土壤肥沃，粳稻产量水平高，品质优良。该区域粳稻种植面积较大，约占全国粳稻种植总面积的45%，粳米产量约占全国粳米总产量的42%。

（2）长江中下游优势区

该区包括江苏、安徽及浙江北部、湖北北部、河南南部。该区域籼、粳稻均有种植，其中粳稻种植面积约占全国粳稻种植总面积的35%，粳米产量约占全国粳米总产量的39%。

（3）特色优势区

该区包括宁夏、云南、新疆、天津、河北等多个省、自治区、直辖市的部分适宜生态区，各区都有零星种植，生产的粳米特色明显、品质优良。该区域粳稻种植面积约占全国粳稻种植总面积的10%，粳米产量约占全国粳米总产量的8.5%。

3. 近年来我国粳稻的发展势头如何？主要发展区域在哪里？

我国水稻生产形成了以秦岭—淮河为界的"南籼北粳"的种植格局。其中，北方稻区以种植粳稻为主，粳稻占93.7%的水稻种植总面积和94.4%的稻米总产量；而南方稻区以籼稻为主、籼粳并存，长江流域为传统籼、粳稻混作区，长江以南地区为籼稻优势产区。我国常年水稻种植总面积为2 860万～3 000万公顷，其中粳稻种植总面积约为850万公顷，约占水稻种植总面积的29%。目前，我国有24个省、自治区、直辖市种植粳稻，但发展极不平衡，主要集中在东北优势区、长江中下游优势区和特色优势区。其中，东北三省和江苏、浙江、安徽、云南7个省的粳稻种植面积约占全国粳稻种植总面积的86%，产量超过全国粳稻总产量的85%，生产过于集中。在这7个粳稻主产省份中，相对集中发展区域是东北三省和江苏，其中江苏的粳稻生产面积占全省水稻生产面积的90%、占全国粳稻总生产面积的25.9%，产量超过全国粳稻总产量的30%。

4. **长江中下游粳稻生产的历史沿革如何？**

长江流域种植粳稻的探索从 20 世纪 50 年代开始。1954 年农业部发布《南方水稻地区单季改双季、间作改连作、籼稻改粳稻的初步意见》，其中要求南方稻区籼稻改粳稻，以期增加稻谷总产。1955 年，长江流域"籼改粳"面积达 9.8 万公顷，而 1956 年迅速增加到 67.3 万公顷，其中主导粳稻品种农垦 58 也因其综合性状优良而得到迅速推广，前后累计种植面积约 946.6 万公顷；但有些地区不谙科学规律，盲目引种，大多造成严重减产，给农民带来巨大损失，也使得"籼改粳"工作陷入停滞状态。20 世纪 70 年代以来，江苏、浙江、安徽等原来都是以籼稻为主的产区逐步推行"籼改粳"，粳稻种植面积所占比例大幅提升，但为了适应城镇化和工业化过程中农村劳动力的转移形势，从 20 世纪 80 年代初起，开始推行双季稻改种单季稻，原早籼—晚粳的品种格局被打破，扩大了中籼杂交稻的种植，使籼稻种植面积比例占到 85% 以上，粳稻种植面积急剧下降。20 世纪 90 年代，随着江苏粳稻育种水平的提高，涌现出"武育粳""武运粳"等一系列高产优质粳稻品种，粳稻种植面积逐步扩大，粳稻产量达到甚至超过当时的杂交籼稻。目前，江苏已成为长江中下游粳稻种植面积最大的主产省，种植面积近 200 万公顷。近年来，安徽、浙江等省份粳稻种植面积也逐年上升，目前安徽省的粳稻种植面积达到 86 万公顷以上，占水稻种植面积的 40% 左右。作为典型籼稻区的江西从 2009 年开始引种粳稻，目前全省粳稻种植面积已突破 4 万公顷，呈现出良好的发展势头。

5. **为什么要在长江中下游发展粳稻？**

(1) 粳米的市场需求扩大
我国稻米主要用作口粮消费，从近几年城乡居民的膳食结构来看，口粮消费总体已保持稳定。但值得注意的是，口粮消费对粳稻的需求量上升较快，除东北地区及北京、天津、上海、江苏、浙江等地食用粳米外，如今广东、海南等地也逐渐食用粳米，南方已成为我国粳米最大的消费区。由于水资源等条件的限制，东北粳稻的发展潜力逐渐变小；华北和西北地区也因水资源的限制，不能再大幅度扩大粳稻种植面积；只有长江中下游稻区粳稻种植面积有大幅度扩大的潜力。因此，发展长江中下游稻区粳稻生产，提高粳稻总产量和粳米品质，对于确保我国粮食安全和社会稳定具有重要的战略意义。

（2）粳稻综合生产力高，群体生态生理优势明显

粳稻的基本特性与生产优势为：

①综合生产力高。粳稻不仅产量高、品质优、效益好，而且生育安全性好，有利于推行轻简化、机械化栽植。粳稻通过足量的群体穗数和较大的穗型协调构建足够的群体颖花量，保证灌浆充实高效，即保持较高的结实率和千粒重，使粳稻获得较高产量。

②气候生态优势强。粳稻对低温具有较强的适应性，利于适当推迟抽穗结实，延长灌浆结实期与全生育期，增加对秋末温光资源的利用，利于提高品质和稳产。

③群体生理优势。粳稻群体茎蘖、叶面积和干物质动态合理，群体源库协调，生育后期仍保持强劲的生长势头。

④安全支撑优势。粳稻茎秆粗壮，根系强健，功能叶维持时间长，后期不早衰，耐肥抗倒，利于高产稳产。

（3）更便于粳稻全程机械化生产

随着我国经济的快速发展和市场结构的调整，大量农村青壮年转入城市，农民迫切需要省工省力的技术，轻简化生产方式成为水稻生产普遍关注的焦点。因此，必须研究与推行机械化高产栽培技术，实施集约化规模经营，以达到省工、节本、增效的目的。而粳稻具有较强的感光性，适度迟播（栽）不会影响水稻安全抽穗成熟，这不仅能保障"短生育、小穗型栽培"的机插稻和机械直播稻正常抽穗成熟，还能避免中籼杂交稻生产中出现的播期早、秧龄长、不利于机械插秧的问题。目前粳稻种植以常规稻为主，机插育秧和直播的播种量远较杂交籼稻大，不仅有利于机械匀播和保证成苗数（率），还能减少漏插率，提高栽插质量。此外，粳稻抗倒伏能力强、不易落粒，有利于统一机械收割。可见，发展粳稻有利于实现水稻全程机械化生产。

（4）粳稻经济效益优势明显

长江中下游粳稻生产的总产值、总成本、净利润、成本利润率皆高于籼稻。粳稻在单产、收购价上具有优势，其总产值高于籼稻；同时，粳稻在生产成本、土地成本上均高于籼稻，总成本亦高于籼稻；在净利润、成本利润率上，粳稻均高于籼稻，且差异显著。相比籼稻，粳稻是一种高投入高回报的作物。因此，发展粳稻有利于农民增收。

6. 长江中下游粳稻生产的现状如何？

20世纪80年代以来，江苏、浙江、安徽等原来以籼稻为主的产区，经过逐步推行"籼改粳"，粳稻种植面积大幅提升，其中以江苏省的"籼改粳"成绩最为显著。目前，江苏是长江中下游粳稻种植面积最大的主产省，种植面积近200万公顷，粳稻年种植面积、总产量分别占全国的25.9%和30%左右。浙江粳稻种植面积达到46万公顷，安徽粳稻种植面积也达到86万公顷，湖北、湖南的晚稻生产中也在扩大粳稻的品种，呈现出"籼退粳进"趋势。江西自2009年探索粳稻种植以来，提出了晚稻生产种植粳稻的发展思路，创建了"早籼晚粳"高产、高效的生产新模式；实践证明在江西实施晚稻种植粳稻是保证完成增产500万吨粮食的重要保障措施。

7. 当前长江中下游粳稻生产遇到的主要瓶颈问题有哪些？

（1）灾害风险相对较高

水稻主产区干旱、洪涝、高温等气象灾害发生频率高，病虫草等生物灾害危害程度重，而粳稻适应性、抗逆性相对较弱，遭受灾害的风险较高，因灾减产幅度较大。近年来，随着气候变化，粳稻病虫害呈蔓延扩散之势，一些过去偶发、次要的病虫害逐步上升为流行性病虫害和主要病虫害，稻瘟病、稻螟虫、稻飞虱、稻纵卷叶螟等常发病虫害流行强度加大，防治难度和防治费用增加。就气象灾害角度而言，在中晚稻生育过程中，异常高温、低温及洪涝、干旱等灾害时常发生。小粒翘穗、异型籼稻杂株等新问题不断出现，呈逐年加重发生趋势，发病机制及防治措施仍不明确。

（2）突破性品种选育相对滞后

一是杂交粳稻品种应用少，目前生产应用的粳稻多为常规品种，与杂交种子相比，商品化开发的空间小。长江中下游粳稻生产主要在江苏，根据 2019 年江苏省水稻主推品种名录，主推常规粳稻品种有 30 个，主推杂交粳稻品种仅 2 个。二是粳稻育种力量相对薄弱，科研单位和企业投入积极性不高，研究经费相对不足。长江中下游稻区过去大多为籼稻生产区，育种力量主要侧重于籼稻，一定程度上导致粳稻选育成果落后于籼稻。突破性的替代品种选育滞后，缺乏高产、抗逆的更新换代品种，影响了粳稻生产的持续稳步发展。

（3）栽培技术尚不完善

目前长江中下游粳稻生产除江苏、浙江外，粳稻栽培技术研究尚处于起步阶段，对粳稻品种生长发育过程、生态适应性以及配套的关键栽培技术，包括适宜的种植方式、播栽期、栽插密度、精准施肥、水分管理、病虫害发生规律及防治、作业机械化、轻简化等环节缺乏系统研究，没有形成一套标准化的本土化粳稻高产栽培技术。在这种情况下，轻型栽培技术异军突起，但部分地区过分强调轻型、简化，甚至向粗放式发展，如直播稻、套播稻等配套技术不完善，即使成熟的技术也开始粗放应用，导致水稻单产徘徊不前。

8. 长江中下游粳稻发展在布局、品种、栽培等问题上应如何改进？

（1）科学确定种植方向

综合考虑当地粳稻种植的可能性与粳稻生产的比较效益等因素，遵循水稻生育进程与季节进程优化同步的原理，根据品种的温光反应特性与生态适应性，合理确定不同类型粳稻品种适宜的种植区域与不同稻区适宜的主推品种，不断优化不同稻区的品种布局，从宏观尺度上挖掘粳稻综合生产潜力，同时坚持"宜籼则籼、宜粳则粳"的原则，不可盲目跟风发展粳稻生产。

（2）引进、筛选与培育高产优质多抗粳稻新品种（系）

引种和筛选是解决品种瓶颈的首要途径，应坚持"类似生态条件、就近小纬度、一切经过试验"的原则，引进并筛选适宜本地种植的粳稻品种。此外，选用或培育集籼稻与粳稻优良性状于一体的亚种间杂交稻也是一种切实可行的途径，通过理想株型育种与杂种优势利用相结合的途径，培育产量潜力大、品质优、生育期偏长、分蘖势强、穗型大、株型紧凑的粳稻新品种（系）。

（3）重视粳稻配套栽培技术研究

针对栽培技术尚不完善的问题，在籼稻改种粳稻之后，要大力强化稳定、优质、高产、高效栽培技术的研究与集成示范，如粳稻超高产形成规律与稳定超高产栽培技术、优质高产协调栽培技术、抗逆减灾栽培技术、轻简栽培技术与全程机械化优质高产栽培技术、节肥增效的精准施肥技术、水分高效利用机理研究与节水栽培技术、秸秆全量还田技术等，并加强优质粳米增值加工与产业化技术体系研发与基地建设，促进粳稻规模化、机械化、产业化发展。

9. 在长江中下游发展粳稻生产可行性如何？

（1）市场需求的增加为发展粳稻提供了机遇

过去由于温饱问题还没有完全解决，人们首先考虑的是如何解决吃饱饭的问题。随着人们生活水平的不断提高，对稻米的食味品质要求也越来越高。由于粳米品质佳、绵软适口、老幼皆宜，当前"喜粳嫌籼"趋势明显，粳米价格持续走高，这为在长江中下游稻区发展粳稻种植创造了机遇。

（2）农艺技术的提高为发展粳稻提供了条件

传统的粳稻生产存在的首要问题是粳稻品种产量往往低于同期的籼稻品种，而且生育期偏长，如历史上的农垦 57、盐粳 2 号，其产量均低于同期的南京 11、汕优 2 号和汕优 63，在产量为第一要素的年代，"籼改粳"难以推广。随着育种技术的创新和栽培技术的进步，过去粳稻产量不高的问题得到有效解决。在稻—麦两熟制地区，随着全球气候趋暖，后作"三麦"适播期推迟，利于设计推迟水稻成熟期，充分发挥水稻高生产力优势和潜力。在双季晚稻上实施"籼改粳"亦表现出明显的产量优势。

（3）生产条件的改善为发展粳稻奠定了基础

粳稻生产不同于籼稻，可以说粳稻生产是"高投入、高产出、高效益"的现代化稻作方式，这是因为粳稻茬口紧，肥、药、工需求量大，对生产机械和生产资料具有更高的要求。历史上生产条件落后和物质投入不足曾是粳稻发展的主要限制因素。近年来，随着农村经济的快速发展，特别是农资补贴制度的激励作用，广大农民对农业生产的投入明显增加，水稻机械化收获发展迅猛，平原地区 90% 以上粳稻都采用机收，而且机收解决了粳稻脱粒难的技术问题，为粳稻发展奠定了良好的基础。

综上所述，粳稻的生产优势和新世纪生活方式、消费观念、饮食习惯等的改变，以及经济水平与农艺技术的进步为长江中下游发展粳稻生产创造了条件和空间。

10. 长江中下游发展粳稻生产的趋势如何？

（1）江苏、安徽粳稻发展优势明显

该地区属亚热带和暖温带过渡区，处于我国籼、粳稻种植的边缘地带，光、温、水资源适宜粳稻正常生长发育。经过多年研究与发展，繁育和供种体系健全，配套栽培技术力量雄厚，形成了配套完善、系统、科学的水稻栽培技术体系，种植制度已较为稳定。粳稻种植效益明显，稻米产业化程度高。未来 5～10 年内，随着该区域粳稻机械化与轻简化栽培技术的研发，以及规模化生产、产业化经营步伐的加快，并通过对沿海滩涂、沿淮洼地的合理开发，区域内粳稻种植面积还有潜力可以被挖掘，面积、产量将在长江中下游保持领先，区域内的粳稻种植比例也将进一步提高，"宜粳则粳、能粳尽粳"趋势将更加明显。其中，江苏作为单季稻区"籼改粳"的成功典范，将向南方单季稻区输出品种、技术和经验，带动长江中下游其他省份粳稻的发展。

（2）浙江、江西具备粳稻种植的自然条件和生态条件

近年来，在全国粳稻加快发展的背景下，该区域发展粳稻积极性高。其中，浙江在粳稻育种方面进展迅速，甬优系列品种产量屡创新高，目前粳稻种植面积已达 46 万公顷，呈现出良好的发展趋势。江西省从农业主管部门到科研部门，对粳稻的研究和推广均表现出很高的积极性，江西省农业技术推广总站在 40 个县开展粳稻试验示范，已经取得初步成功。可以预见，随着品种选育成功和配套栽培技术集成，未来 5～10 年，该区域粳稻将实现长足发展，将成为长江中下游粳稻快速发展的主要增长点。

湖北、湖南省的晚稻生产粳稻也将呈现扩大的趋势。

二、粳稻的生物学特性

1. 什么是水稻的"两性一期"？其在生产中有何意义？

水稻的"两性一期"指的是水稻的感光性、感温性和基本营养生长期。

感光性是指水稻生育转变（由营养生长转为生殖生长）对日照长度的反应特性。有些水稻品种的感光性强，只有在日照长度短于一定的临界值时，才能进行幼穗分化和抽穗。缩短光照可提早这一进程，延长日照则延迟这一进程。有些水稻品种的感光性较弱，缩短和延长日照对水稻的幼穗分化和抽穗影响较小。

感温性是指水稻的生育转变受温度条件显著影响的特性。水稻是喜温作物，高温可以促进其生育转变，使生育期缩短。有些水稻品种感温性强，有些水稻品种感温性弱，我国大部分水稻品种都是感温性较强的，感温性较弱的水稻品种较少。

基本营养生长期是指水稻在充分满足温度和光照等条件下进行生育转变所需的最短的营养生长期。水稻的基本营养生长期一般为 16～60 天，其中，感光性强的水稻品种基本营养生长期较短，而感光性较弱或者迟钝的品种基本营养生长期较长。

水稻的"两性一期"在生产上可以指导水稻的科学引种、育种以及栽培。如南方的品种往北方引种时，往往随着北方气温降低和日照时间的增加而使得生育期延长，甚至不能抽穗。相反北方或高海拔地区的品种往南方引种时，往往随着南方气温相对升高和日照时间缩短而缩短生育期，植株生长矮小。因此，引种通常在同纬度、同海拔地区之间进行较易成功。南北方之间进行引种时要特别注意根据情况选择不同的熟期类型和温光反应类型，以确保在引种后能够正常的生长发育。相对籼稻而言，粳稻的感光性普遍偏强，品种的区域适应性相对较窄，因此，在粳稻品种的引进、筛选、合理布局中，要加以重视。

为了培育适宜大范围种植的水稻品种，就必须培育感光性较弱、基本营养生长期中等的品种。在生产上可以根据水稻感温性和感光性的强弱合理地选择品种，确定合适的播期与秧龄，制定合理的栽培措施。另外，应用感光性强的晚稻品种和感温性弱的早稻品种进行杂交，可以解决生育期不同的水稻品种花期相遇的问题，提高制种产量。

2. 水稻的生育时期是如何划分的？为什么营养生长期变化范围大？

一般来说，划分水稻品种生育期的标准有三个：一是水稻完成生长发育全过程的总天数；二是不同水稻品种植株的主茎总叶片数；三是生长发育全过程所需的积温数。水稻生长期分为营养生长期与生殖生长期，水稻的生殖生长期基本不会发生变化，而营养生长期则变化较大，所以水稻品种生育期的差异主要是营养生长期的长短变化。营养生长期又划分为基本营养生长期和可变营养生长期。一般水稻品种，在一定的范围内随温度的升高、日照缩短而加快生长速度，缩短营养生长期，但缩短到一定的天数以后，即使温度和日照再适宜，营养生长期也不会缩短，这段营养生长期便称为基本营养生长期。早、中、晚稻之间，生育期差异很大，其主要原因就是基本营养生长期和可变营养生长期的长短不同。甚至同一品种在不同的年份也会出现生育期长短发生变化的现象。

3. 什么是活动积温和有效积温？如何正确计算？

农业气象学上通常把某一段时间内符合一定条件的日平均温度直接累加或处理后累加所得称为积温。积温有多种，在农业生产上常用的有活动积温和有效积温。活动积温是指作物全生育期内或在某一生育期内活动温度的总和，其中活动温度是指高于作物生物学下限温度的日平均温度。有效积温是指作物全生育期内或某一生育时期内有效温度的总和，其中有效温度是指活动温度与生物学下限温度之差。

活动积温的计算比较方便，常用来估算某一地区的热量资源和反映品种的生育特性；有效积温在用来表示作物生长发育对热量的需求时稳定性较强，能够比较确切地反映作物对热量的需求。此外，水稻不仅有生物学下限温度，还有生物学上限温度。以高于下限温度而低于上限温度的日平均温度计算出来的有效积温更为合理。

由于受到温度等其他环境因素的综合影响以及作物发育速度与积温的非线性关系，作物所需的积温并非一成不变，其稳定性具有相对性，在必要时要加以修正。对水稻而言，由于光周期的敏感性，其在某一生育阶段或全生育期所需的积温常常会发生变化，在计算水稻积温时，需用光温系数加以修正。

4. 粳稻的株、叶、穗、粒形态有何特征？与籼稻有何区别？

籼稻与粳稻是亚洲栽培稻的 2 个亚种，两者在株、叶、穗、粒的形态特征方面存在较大的区别。一般籼稻的茎秆较粗，分蘖能力较强，株叶型松散，叶色较淡，谷粒细长，容易落粒，出米率较低。籼米的直链淀粉含量较高，米饭黏性小，米饭散乱。粳稻一般茎秆较细，传统粳稻品种的分蘖能力不如籼稻，株叶型紧凑，叶色较深，谷粒短圆，不易落粒，出米率较高，碎米少。粳米的直链淀粉含量低，米饭黏性大，胀饭性较小。

5. 水稻的叶片由哪几部分构成？各部分生理功能如何？

水稻的叶片分为叶芽鞘、不完全叶与完全叶3种。

叶芽鞘在发芽时最先出现，颜色为白色，具有保护幼苗出土的作用。不完全叶是从叶芽鞘中抽出的第一片绿叶，一般只有叶鞘而没有叶片。完全叶是由叶鞘和叶片组成，叶鞘和叶片连接处为叶枕，在叶枕处有叶舌与叶耳。叶鞘包裹茎，有保护分蘖芽、幼叶、嫩茎、幼穗和增强茎秆强度的作用。

叶鞘的形状可分为两种：一种是着生在分蘖节上的叶鞘，为三角形；另一种是茎生叶的叶鞘，整个切面为圆形，为变形叶鞘，它积累淀粉的能力比三角形叶鞘强。叶鞘中的气腔和叶片及根中的通气腔相连，是稻株地上部分向根系中输送氧气的主要通道。叶鞘基部包围茎节的鼓起部分为叶节。叶节的组织紧密，机械组织发达，细胞高度角质化，所以机械强度大而且弹性好。在水稻倒伏时，叶关节下侧的细胞显著伸长，上侧面产生皱褶使稻株翘起。

叶片为长披针形，上有许多平行的纵脉，中为主脉。顶部几片叶在离叶尖几厘米处，叶片两边边缘收缩，叶脉弯曲，称为葫芦叶。叶片是进行光合作用和蒸腾作用的主要器官，它由表皮组织、叶肉组织和输导组织组成。表皮细胞内不含叶绿体，能透过阳光。叶片的上下表皮上分布着许多气孔，是水稻进行气体交换和体内水分蒸腾的通道。光合作用所需的二氧化碳，主要是通过这些小孔进去的。叶肉是上下表皮细胞之间的薄壁细胞层，这些细胞内含有大量的叶绿体，是进行光合作用、制造有机物质的场所。

叶枕呈三角形，叶片内的维管束及通气组织通过这里进入叶鞘。叶枕同时还具有调节叶片开张角度的作用，称为叶关节。

叶舌由叶鞘延伸而来，呈半透明的薄片，它能封闭叶鞘与茎秆或心叶之间的缝隙，保持幼芽部分的湿度和防止雨水、灰尘侵入叶鞘与茎秆之间。

叶耳着生在叶枕的两侧，为两个牛角状的小片，表面长有茸毛，也有防止雨水流入叶鞘的作用，是区分稻、稗的特征。

6. 水稻后期的功能叶对产量形成有何影响？

水稻产量形成的本质是通过光合作用把太阳能转化成化学能固定在有机体中。一般情况下，水稻一生所形成的所有干物质的90％来自光合产物，在光合产物中，94％来自叶片的光合作用，4％来自叶鞘和茎秆的光合作用；最终形成的籽粒产量中，约有80％来自抽穗后形成的干物质。从抽穗至成熟期，光合作用主要是在水稻功能叶中进行的，功能叶的生长状况对水稻产量的形成具有十分重要的作用。虽然主茎叶片数较多，但其数目会因品种类型和环境条件的不同而有所改变。粳稻叶片随着生育进程的推进，下部叶片逐渐枯死，因此，生育期中一个单茎上只能看到5～6片绿叶，即抽穗后水稻仅有5～6片功能叶，它们对籽粒产量的形成具有十分重要的作用，其中，上部3片叶依次是剑叶、倒二叶、倒三叶，它们是主要的功能叶片，被称为高效叶，三者提供营养物质的比例为2：2：1。上部3片叶的平均综合灌浆能力约为每平方厘米叶面积承担1粒稻米所需的营养。上部3片叶以下的2～3片叶参与灌浆极少，但对于保持根系活力有很大的帮助，被称为低效叶，也不可以忽视。一般高产、超高产田抽穗时，绿色叶保持5～6片而后逐渐衰退至成熟时有2片绿色叶。

因此，水稻后期叶片存在的多少、生长是否健壮，极大地关系着水稻产量的高低。加强后期田间管理、保护好后期功能叶的旺盛活力，是获得高产的重要保证。

7. 水稻的根系包括哪几种？各有什么作用？在耕层中如何分布？

水稻的根系属于须根系。根据发根的部位可划分为种子根与不定根。

种子根是由种子的胚根直接发育而成的根，种子根可划分为初生胚根和次生胚根。初生胚根只有1条，直接由胚的胚根生长而成；次生胚根有1～4条，由中胚轴长出，一般只有在深播或化学物质调控的情况下才会发生。种子根垂直向下生长，在幼苗期主要起运输营养、水分吸收和支持作用，以后衰老而死，寿命极短。

不定根是从茎的基部由下依次发生的根，在秧苗2叶期内发出，共有5条。这些根短白粗壮，形似鸡爪，俗称鸡爪根，对扎根立苗极为重要。从茎节上长出的不定根，随着生育的进展，每一节上能发生大量的不定根，不定根按着生位置可分为上位根与下位根。上位根较细较短，一般横向或斜向伸长，分布于稻田土壤的上层和中层；下位根较粗较长，多分布于土壤中层或斜下层。不定根寿命长，是水稻根系的主要部分，稻株主要靠这些根吸水、吸肥。

一个茎节上的不定根有几十条至几百条不等，还能生长出分支根。分支根有两类，一类细而短，根剖面直径为0.035～0.1毫米，不能发生二次分支根，在分支根中粗与细的分支根比例为1：(5～10)。另一类大分支根多，分支根次数多，稻株生长健壮，反之则生长较差。

水稻根系的分布，在不同生育时期不同。在分蘖期，一级根大量发生，但分布较浅，多数在0～20厘米土层内横向扩展，呈扁椭圆形。在拔节期，分支根大量发生，并向纵深发展。至抽穗期，根系转变为倒卵圆形，横向幅度可达40厘米，深度达50厘米以上。在开花期，根系不再继续伸展，活动能力逐渐减弱。接近成熟期，根系吸收养分的能力几乎完全停止，这时所需的养分全部靠植株体内的养分转移维持。从总体上看，水稻根系主要分布在 0～20 厘米土层中，约占总根量的 90%。从全生育期看，水稻在抽穗期根量达到峰值。

8. 什么是水稻的分蘖？分蘖发生有什么规律？影响因素有哪些？

分蘖是水稻固有的生理特性。水稻分蘖实质上就是水稻茎秆的分枝。在通常条件下，水稻的分蘖主要在靠近地表面的茎上发生，这些发生分蘖的茎节称为分蘖节。着生分蘖的稻茎称为分蘖的母茎。同一母茎上分蘖最早发生的节位称为最低分蘖节；最上一个发生分蘖的节位称为最高分蘖节，分蘖一般是自下而上地依次发生。茎节数多的可能发生的分蘖就多，反之就少。就单茎而言，最低分蘖节位和最高分蘖节位相差大的，则单株分蘖数就多。

稻株主茎上长出的分蘖为第一次分蘖，第一次分蘖上长出的分蘖为第二次分蘖。依此类推，同一稻株上可发生第三、第四次分蘖。分蘖发生的早晚，节位的高低，对分蘖的生长发育和成穗与否均有显著的影响。一般是分蘖出现越早，蘖位蘖次越低，越容易成穗，穗部性状也越好；反之，分蘖出现越晚，蘖位蘖次越高，其营养生长期越短，叶片数和发根量越少，成穗的可能性就越小，并且穗小粒少。

水稻分蘖发生是有规律的，但也有一些情况，分蘖规律发生变化。比如旱育稀播的情况下，稻苗生长健壮，有时分蘖从不完全叶长出；大播量情况下，稻苗生长细弱，形成病苗、弱苗，分蘖发生也没有规律，表现为蘖位高、分蘖晚或不分蘖。因此，分蘖发生部位是水稻生长健壮与否的标志。

生产上应尽量采取一切栽培措施，促使分蘖早发生、多发生，这样低位次分蘖就多，形成的有效分蘖数和有效分蘖率也就高。影响水稻分蘖发生的迟早、多少和分蘖质量高低的因素很多，除品种本身的特性外，还有秧田和本田期的各种环境因素，如温度、光照、肥水管理以及移栽质量等。

温度：水稻发生分蘖的最低气温是 15～16℃，最适气温是 30～32℃，最适水温是 32～34℃，最高水温是 40～42℃。

光照：稻田群体内部的光照条件对水稻分蘖发生影响很大。光照充足，光合产物增加，促进分蘖发生，叶鞘较短，植株生长健壮，分蘖多而快；反之则分蘖发生少而迟，如移栽后遇阴雨天多，光照不足，光合产物少，叶鞘伸长，秧苗细瘦，则不利于分蘖的发生。

水分：水分过多、过少均会影响水稻分蘖的发生。水分过少，分蘖期受旱，植株体内各种生理功能受阻，光合能力下降，母茎供应分蘖芽的营养物质减少，分蘖不能发生。水分过多，稻株基部光照和氧气不足，也会抑制分蘖的发生。一般稻田持水量在 70%～80% 时，有利于分蘖的发生。

养分：营养元素与水稻分蘖的发生有着密切的关系。一般营养水平高，分蘖发生早而快，分蘖时间也较长，反之营养水平低，分蘖发生迟缓，分蘖停止早。营养元素中氮、磷、钾三要素对分蘖的影响最为显著，其中以氮素影响最大。稻株生长必须具有一定的氮素水平，叶片含氮量高于 2.5% 时，新叶才能伸长，稻苗含氮量在 2.5% 以下时，分蘖停止，只有超过 3% 时分蘖才能迅速生长。一般来说，分蘖期水稻叶片含氮量达到 4%～5% 时，稻株才有望获得高产。因此速效氮肥供应充足及时，分蘖发生就早而多，故应早施分蘖肥。

在目前水稻生产中，环境中温度、水分和养分三者对水稻分蘖发生的限制往往要比光照条件的限制小得多。正常情况下，水稻分蘖期的光照条件直接决定于育秧密度和大田栽培密度，如果秧田或大田群体过密，造成田间郁蔽，水稻分蘖潜能不能正常发挥。而通过合理稀植，扩大水稻单株在秧田或本田的营养面积，改善水稻分蘖期的光照条件，是高产栽培中进一步发挥水稻分蘖能力的关键。

9. 什么是有效分蘖？什么是无效分蘖？在生产中有何意义？

有效分蘖是指后期能形成有效穗的分蘖，不能形成有效穗或中途死亡的分蘖均为无效分蘖。有效分蘖决定最终的单位面积有效穗数，是构成产量的主要因素。在生产上应采取措施争取更多的有效分蘖，减少无效分蘖。水稻有效分蘖临界叶龄期一般在最高分蘖期前 7～15 天，此时的叶龄为一个品种的主茎总叶片数减去伸长节间数前后一个叶龄期。因此生产上应从两个方面采取措施。一方面，在生育前期要千方百计促进分蘖早生快发，使茎蘖数尽快达到预期要求，在有效分蘖临界叶龄期，全田总茎蘖数应大体上和预期计划的穗数接近。另一方面，在分蘖中后期要适当控制分蘖，防止分蘖发生过多，一般到最高分蘖期，将总茎数控制在适宜穗数的 1.3～1.5 倍。

10. 水稻一般有几个伸长节间？为什么要在拔节前后控制水肥？如何控制？

水稻拔节的标志是茎秆基部第一个伸长节间长度达到 1～2 厘米，茎秆由扁变圆。当全田有 50% 的植株开始拔节时，为拔节期。水稻节间伸长是自下而上逐个顺序进行的。一般中熟粳稻品种有 5～6 个伸长节间，晚熟粳稻品种有 7～8 个。

在拔节孕穗前后进行水肥调控是实现水稻平稳促进、稳健生长的有效措施。水肥调控至少有以下几个方面的积极作用：

①促进根系向纵深发展，白根和黄根数量增加。

②抑制后期分蘖发生，加速弱小分蘖死亡，提高成穗率。

③促使基部节间缩短增粗、机械组织加厚，提高植株的抗倒伏能力。

④避免叶片过分伸长，改善中期群体结构。

⑤促进同化产物在茎鞘中的积累，为后期产量形成做好物质储备。

拔节孕穗期前后的水肥调控，在技术上主要是晒田。晒田是通过排干田间水层、利用叶面蒸腾与株间蒸发，降低稻田土壤含水量的一种措施，其直接作用是控制土壤水分。同时由于晒田后土壤中含氧量增多，土壤氧化还原电位提高，磷由易溶向难溶转化，耕层土壤中有效养分含量暂时降低，说明晒田又具有间接控制养分的作用。所以，晒田不单是调控水分，而是同时调控水肥的技术措施。晒田技术关键是要把握好晒田时期、晒田程度和晒田次数。晒田时期应在全田总茎蘖数达到计划穗数的 $70\%\sim90\%$ 时，立即开始晒田，使无效分蘖控制在更少的范围内。在晒田程度和次数上，应进行多次轻晒，即每次晒田从开始一直晒至土壤含水量达到田间最大持水量的 $75\%\sim80\%$（即脚踏田土有印而不陷）时结束，然后复水，至自然落干后再晒，如此反复多次进行，直到倒二叶露尖、要施保花肥时再建立水层。

11. 拔节与幼穗分化有什么关系？在生产中有什么意义？

幼穗分化是水稻生殖生长开始的重要标志，幼穗分化期是水稻一生中最为重要的时期之一，在外形上包括拔节期和孕穗期。幼穗分化开始后，水稻进入营养生长和生殖生长并进时期。这个时期植株生长量迅速增大，叶片相继长出，分化末期根的生长量达到一生中最大值，全田叶面积也达到最高峰，植株干物质的积累接近干物质总量的 50% 左右，因而也是水稻一生中需肥需水量最多的时期。据测定，该时期植株对氮、磷、钾的吸收量约占水稻一生中总吸收量的 50% 左右。该时期水稻不但需要大量的矿物质营养，而且对周围环境条件反应也十分敏感。水稻幼穗分化和稻株拔节有密切的关系，但二者并不一定同时开始。二者发生的先后，因品种生育期的不同而有差异，概括起来有三种，即重叠型、衔接型、分离型。

重叠型是指主茎第一个节间开始伸长时，穗分化早已开始。地上部分仅有 3～4 个伸长节间的早熟品种属于这种类型。

衔接型是指主茎基部节间伸长时，幼穗刚好开始分化，二者同时开始。这种情况多在一些中熟品种中发生。

分离型是指主茎基部节间伸长时，幼穗分化尚未开始，拔节在幼穗分化之前，彼此分离。在晚熟品种中多出现这种情况。

上述三种类型并不是一成不变的，往往随着季节和地区等条件的改变而变化。明确拔节和幼穗分化的关系在生产上很有意义。拔节前后往往是搁田调节水肥的关键时期，而决定搁田轻重和早晚的重要依据就是幼穗分化的类型。对于分离型品种，搁田时期可以略微延迟，程度也可以稍微重些。对于重叠型和衔接型品种，搁田时期要有所提前，结束不能太晚，同时程度要轻，否则就会影响幼穗分化，严重时可导致颖花大量退化，对产量造成严重的影响。因此，明确拔节和幼穗分化的关系，有利于协调控蘖减耗、壮秆防倒与保花保粒的矛盾，使水稻由营养生长顺利过渡到生殖生长期。

12. 影响粳稻幼穗分化的因素有哪些？

幼穗分化是水稻生殖生长开始的重要标志，幼穗分化期则是水稻一生中最为重要的时期之一，在外形上包括拔节期和孕穗期。这个时期水稻不但需要大量的矿物质营养，而且对周围环境条件的反应也十分敏感。总的来说，环境条件对水稻幼穗分化的影响主要有以下几个方面。

温度：水稻幼穗分化期最适宜温度为 26～30℃。昼温 35℃左右、夜温 25℃左右最有利于形成大穗。幼穗分化过程对低温的敏感时期是在减数分裂期以后 2～3 天，即花粉四分体和小孢子发育期。

在此期如遇 17℃以下低温，花粉粒正常发育就会受到影响，如遇 15℃以下低温，花粉粒发育将受到严重影响，甚至导致雄性不育，从而引起结实率大大降低。在幼穗分化期特别是幼穗分化前期遭遇低温，可在夜间灌水 20 厘米左右，对分化部位进行保护。

日照时数和光照强度：光照强度和日照时数对枝梗和颖花的发育有很大的影响，日照时数过短或光照不足，都会造成分化的枝梗与颖花退化，这种现象以大穗型的品种更为突出。

水分：水稻进入幼穗分化期，植株生长量急剧增大。此期为水稻一生中生理需水最多的时期，不能缺水，但长期淹水对水稻也是不利的。

矿物质营养：水稻幼穗发育期间，需要较多的氮、磷、钾等矿物质营养，特别是在减数分裂前后，养分不足会导致枝梗和颖花退化。正确施用穗肥进行促花和保花是增产的有效措施。

此外，水稻在幼穗分化期间，植株根系若被踩断则不易发出新根，从而影响后期生长。所以，幼穗分化开始后，应尽量减少下田操作次数。

13. 生产中通过哪些途径可促使水稻整齐抽穗？

在水稻的产量构成中，单位面积的有效穗数和平均每穗粒数是两个重要的因素。在协调两者的关系时，一般穗数容易保证，而穗头的大小则不容易把握。穗数是由主茎和分蘖共同组成的。分蘖的多少和大小往往决定着每穗粒数的多少，小穗过多是不利于提高平均每穗粒数的。从光能利用率的角度来说，无效分蘖在一定程度上是对光能和地力的浪费，小穗也是一种浪费。从这个意义上说，提高抽穗整齐度和提高成穗率是同等重要的。如果穗数过多而穗头大小不一致，单产同样很难提高，因此，在水稻高产栽培中，既要尽量控制无效分蘖，提高成穗率，又要努力抑制小穗的形成，提高抽穗整齐度。这样才能既保证单位面积的有效穗数，又保证平均粒数，最终获取高产。要使得水稻抽穗整齐，可以从以下几个方面入手：

①适期早栽、浅栽，合理密植，争取低节位、低位次的分蘖，为获取大穗奠定基础。

②适当提高每穴插秧量，提高主茎和早期低节位、低位次分蘖在最终穗数中的比例。

③选用分蘖能力强的品种，使分蘖能在早期集中快速抽出，为后期控制无效分蘖和小穗创造条件。

④在水稻生长前期，要加强水肥管理，促使植株早生快发。在有效分蘖终止期，要及时排水晾田（田间无水层，土壤含水量为最大持水量），必要时要进行搁田（亦称烤田或晒田，田间无水层，土壤含水量低于最大持水量），以抑制无效分蘖和小穗的发生。

14 水稻颖花形态构造如何？何时开花？有何规律？花期如何用药？

水稻的颖花由内颖、外颖、鳞片、雄蕊和雌蕊各部分组成。内、外颖互相勾合而成稻壳，保护花的内部和米粒。外颖先端尖锐，称为稃尖，或伸长成芒。芒的长短是品种特征。颖壳内有6个雄蕊，3个排成1列。花药有4室，每室成为1个花粉囊，内含很多黄色球形的花粉粒。花丝细长，开花时迅速伸长，可达开花前的5倍。雌蕊1个，位于颖花的中央，柱头分叉为二，各呈羽毛状。花柱极短，子房呈棍棒状、1室，内含胚珠，子房与外颖间有2个无色的肉质鳞片，鳞片中有1个螺纹导管，开花时鳞片吸收水分，使细胞膨胀，约达原来体积的3倍，推动外颖张开。杂交水稻制种中，水稻雄性不育系因雄蕊失去作用，花药瘦小，呈乳白色或淡黄色，内无花粉或花粉畸形，呈多角状或圆形，体积比正常花粉小，内无精子，必须靠保持系和恢复系等的花粉授粉才能结实。

水稻在抽穗后（穗顶露出剑叶叶枕 1 厘米即为抽穗）当天或稍后 1～2 天就开花。一个穗子在顶端最先抽出，穗子顶端枝梗上的颖花先开花，然后伴随穗子的抽出自上而下依次开花，基部枝梗上的颖花最后开花。

一次枝梗上的开花顺序和整穗开花顺序不同，首先是顶端第一粒颖花开花，然后是基部颖花，再顺序向上，最后是顶端第二粒颖花开花。二次枝梗也遵循这一规律。同一穗上所有颖花完成开花需 7～10 天，其中大部分颖花在 5 天内完成开花。一天中的开花动态在正常晴好天气下，一般早、中稻开花大多在上午 8 时至下午 1 时（以上午 9—11 时为开花盛期），单晚和双晚稻开花大多在上午 9 时—下午 2 时（以上午 10—12 时开花最盛）。在雨天或低温下午也会有极少开花。每个颖花开花均经过开颖、抽丝、散粉、闭颖的过程，全过程需 1.0～2.5 个小时。由于同一田块的植株间和同一植株的分蘖间都是一个连续的抽穗过程，所以对一块田来说，同一田块完成抽穗需 10 天左右，所有颖花完成开花约需 15 天。

这一时期非常容易发生病虫害，在水稻花期用药，应注意以下几点：

①水稻开花一般在上午 8 时—下午 2 时。如果此时施药，药液会进入花器，杀死或杀伤花粉、花药、子房等。颖壳褪色，稻粒、稻叶上有小黑点，影响产量及品质。药液还会冲落花粉，严重影响授粉，造成减产。因此，施药一定要避免在开花时进行，要在一天内花已开过、授了粉、颖壳已闭合的下午 4 时以后进行，并且动作要轻、快，尽量避免碰伤稻穗、碰折稻颈。

②水稻开花授粉后便进入灌浆期，施在稻株上的农药渗入植株组织内，很容易被输送进入稻谷里，且又临近收获期。因此，花期施药更需要注意选用高效、低毒、低残留农药，以防稻谷、稻草上农药残存量超标，损害人畜健康。

③水稻花期刚抽出的稻穗组织幼嫩，抗药力弱。因此施药时要准确掌握药液浓度和用量，以防药害发生。如遇空气干燥，配

制药液要增加用水量，有利于防止药害的产生。

④水稻破口扬花期使用农药要谨慎。三唑类农药普遍有抑制作用，如烯唑醇、戊唑醇、丙环唑、己唑醇、氟环唑等。破口期超量使用容易造成抽穗不齐、抽穗困难、包茎等现象。在水稻扬花期用药的一般原则是避开开花时间。有些农药在扬花期间是不能使用的，如铜制剂。

15. 水稻灌浆成熟期可划分为几个时期？各时期生产中需要注意什么？

根据稻谷成熟的生理过程和谷壳颜色变化等可将水稻成熟过程分为以下 4 个时期：

①乳熟期。水稻开花后 3～5 天即开始灌浆，持续时间为 7～10 天。灌浆后籽粒内容物呈白色乳浆状，淀粉不断积累，干、鲜重持续增加。在乳熟始期，鲜重迅速增加；在乳熟中期，干重迅速增加；到乳熟末期，鲜重达最大，米粒逐渐变硬变白，背部仍为绿色。该期用手压穗中部籽粒有硬物感觉。

②蜡熟期。该期籽粒内容物浓黏，无乳状物出现，用手压穗中部籽粒有坚硬感，鲜重开始下降，干重接近最大。米粒背部绿色逐渐消失，谷壳稍微变黄。此期经历 7～9 天。

③完熟期。谷壳变黄，米粒水分减少，干重达到定值，籽粒变硬，不易破碎。此期是收获适期。

④枯熟期。谷壳黄色褪淡，枝梗干枯，顶端枝梗易折断，米粒偶尔有横断痕迹，影响米质。

水稻成熟期的长短因气候和品种不同而有差异。气温高成熟期短，气温低成熟期延长。在生产上要注意水稻成熟期的栽培管理，特别是水分的管理，一些地区常因后期断水过早而影响籽粒饱满度。水稻在灌浆结实期合理灌溉，可以达到养根保叶、青秆活熟、浆足粒饱的目的。为此，一般在成熟前 7～10 天灌最后一次"跑马水"，具体时间可视土壤含水量及天气和籽粒成熟情况灵活掌握。

16. **粳稻生理成熟的标准是什么？何时收获最佳？如何做到合理收获？**

粳稻的最佳收获时期以完熟期为最好，此期谷壳变黄，籽粒变硬，米粒水分少且不易破碎，籽粒干重达最大值。完熟期的标志是每穗谷粒颖壳有 95％以上变黄或谷粒小穗轴及护颖有 95％以上变黄，米粒定型变硬，呈透明状。这个时期是水稻谷粒生理成熟的重要标志。水稻黄化完熟率达 95％以上即可进行收获。合理收获应做到以下几点：

①提前排水。尽量排干稻田里的水，必要时挖沟将低洼地的水及早排干晒田。

②适时收获。一般水稻颖壳有 95％以上呈黄色，谷粒定型变硬，米粒呈透明状，即可收割。

③收割方式。如天气晴好或条件允许，最好分段割晒，这样可明显提高千粒重，增加产量，也可避免灾害造成损失。大面积生产中，以收割机联合收脱方式为好。

④晾晒方法。收割后马上摊开薄晒，收后不可长时间大堆存放，每天轻摊翻动数次，同时在晾晒过程中扫除大枝梗、碎叶和稻曲病粒等，当种子含水量降到 14.5％以下时，即可单独贮存。大面积生产中，以低温循环式烘干为佳。

三、粳稻的区域适应性与品种选择

1. 什么是品种区域适应性？品种区域适应性与品种选择有什么关系？

品种区域适应性是水稻在不同的生态区域与该环境的适应情况。水稻新品种（系）的产量表现是品种遗传特性与环境互作的结果，两者决定了品种的适应范围和年度间的稳定性。品种选择需要进行品种区域适应性试验。某一特定区域种植品种的选择，应是经当地省级或者国家级 2～3 年品种区域试验、生产试验，并通过审定的合法品种。

2. 籼、粳稻有何差异？

籼稻是基本型，粳稻是在较低温度气候下，由籼稻经过自然选择和人工选择逐渐演变而形成的变异型。籼稻和粳稻在植物学分类上已成为相对独立的两个亚种，其亲缘关系相距较远，籼稻与粳稻杂交，子代的结实率低。

典型的籼稻和粳稻在形态上和生理上具有明显的差别，但也存在一些中间类型品种，必须根据其综合性状表现鉴别籼稻和粳稻。

（1）形态特征

籼稻：株型较散，顶叶开角度大；叶片较宽，叶色较淡，叶毛多；籽粒细长略扁，颖毛短而稀、散生颖面；无芒或短芒；抗寒性较弱，抗旱性较弱，抗稻瘟病性较强。

粳稻：株型较紧，顶叶开角度小；叶片较窄，叶色较浓绿，叶无毛或少毛；籽粒短圆，颖毛长而密、集生颖尖和颖棱；无芒或长芒；抗寒性较强，抗旱性较强，抗稻瘟病性较弱。

（2）生理特性

籼稻：分蘖力较强，耐肥、抗倒伏一般；易落粒，出米率低，碎米多；直链淀粉含量高，米饭黏性小，胀性大；在苯酚反应上易着色。

粳稻：分蘖力较弱，较耐肥、抗倒伏；难脱粒，出米率较高，碎米少；直链淀粉含量低，米饭黏性大，胀性小；在苯酚反应上不易着色。

3. 粳稻品种选择或引种应注意哪些事项？

①要选择适宜当地环境的品种，即具有良好的生态适应性，抗逆性要强。

②具有良好的丰产性，产量稳定性高，不要只追求高产量。

③要兼顾米质，适应市场需求。

④选择多个品种配套，以适应不同生态、生产条件、生产目标、市场需求。

4. 长江中下游气候生态特征是什么？如何进行区域划分？

长江中下游是亚热带季风气候，河流水量夏秋多、冬春少。根据长江中下游平原不同区域的水文、气候特征，可将其划分为六个亚平原区。

（1）江汉平原

江汉平原位于长江中游湖北省，为两湖平原（江汉平原与洞庭湖平原的合称）的北半部，是湖北省粮、棉、油、水产基地。地下有石油、石膏、岩盐等矿藏。西起枝江，东至武汉，北抵钟祥，南至长江以南的基岩低丘，与洞庭湖平原相接，面积约 3 万千米²。除边缘分布有海拔 50～100 米的缓岗和低丘外，均为海拔 21～35 米的低平原。地势低洼，从西北向东南微微倾斜，汉江、东荆河及长江依势向东流。平原上垸堤纵横，由于河水泛滥，泥沙淤积，地面常低于沿河地面，垸内低于垸外，雨季常积水成涝。

（2）洞庭湖平原

洞庭湖平原位于湘阴—益阳以北，常德—松滋以东，岳阳—湘阴以西，黄山头及墨山等低矮基岩孤山以南，面积 1 万余千米²，为断陷成因。总的地貌轮廓为：以洞庭湖为中心，由冲湖积平原、湖滨阶地、环湖低丘台地组合成的同心圆状碟形盆地。外围低丘台地呈波状起伏，海拔多为 150 米，比高 100 米以下。中部的冲湖积平原是洞庭湖平原的主体，海拔大多在 30～40 米，坡度仅 6°，由湘、资、沅、澧 4 水和长江 4 口分流河（松滋河、虎渡河、藕池河、调弦河）的冲积扇联合组成，河网交错，湖泊成群，垸堤纵横。

（3）鄱阳湖平原

鄱阳湖平原因东有怀玉山，南有赣中丘陵，西有九岭山，北有庐山等山地丘陵环绕，故又称鄱阳湖盆地，海拔在 50 米以下，包括鄱阳湖及其周围地区，大致位于庐山东麓、德安、新建、丰城、临川、乐平之间，面积约 2 万千米²，为地壳断陷、河湖泥沙填积生成，由冲湖积平原和红土岗地两部分组成。

（4）苏皖沿江平原

苏皖沿江平原位于北纬 30°～32°，东经 116°～120°，其中包括芜湖平原和巢湖平原，由长江及其支流挟带的泥沙冲积而成，地质构造基础及自然地理环境结构比较均一，是中国开发历史悠久、经济文化发达的地区。

（5）里下河平原

里下河平原是位于江苏省中部的一碟形平原洼地，又称苏中湿地（位于淮安、盐城、扬州、泰州、南通 5 市交界区）。西起里运河，东至串场河，北自古淮河，南抵通扬运河，在北纬 32°～33.5°，东经 119°～120°，面积 1.35 万余千米²。里下河平原地势极为低平，而且呈现四周高、中间低的形态，状如锅底，地面高程从周围海拔 4～5 米逐渐下降到海拔只有 1 米左右（射阳河），并且大致从东南向西北缓缓倾斜。

（6）长江三角洲平原

长江三角洲平原为长江及钱塘江冲积和滨海沉积共同组成的河口三角洲平原。三角洲平原从江苏省镇江市向北至江苏北部的泰州市—海安县一带，逐渐过渡到黄淮平原，南达杭州湾北岸，西至长江以北，大致以大运河为界，在江南直抵镇江、丹阳以西的宁镇低山丘陵及茅山山地，向东伸入东海，总面积约 8 万千米²，其中陆上面积约 2.3 万千米²，海拔多在 10 米以下。地貌有滨海沙堤、滨湖平原及沿江天然堤等。

5. 安徽沿淮区域选用粳稻品种的原则是什么？推荐品种有哪些？

选用耐肥、抗倒伏，分蘖力中等，穗大粒多，粒重偏重，全生育期 145～155 天，适宜作接小麦茬口的，品质达国家优质稻谷标准 [《优质稻谷》（GB/T 17891—2017）] 的穗粒兼顾型中粳（糯）稻品种，如连粳 9 号、连粳 11、徐稻 5 号、徐稻 6 号、武运粳 27、皖稻 68、皖粳糯 1 号等。

6. 安徽江淮区域选用粳稻品种的原则是什么？推荐品种有哪些？

选用高产稳产，耐肥、抗倒伏，抗病性较强，全生育期 145～160 天，品质达国家优质稻谷标准的大穗型或穗粒兼顾型的品种，如镇稻 18、南粳 5055、南粳 9108 等。

7. 安徽沿江江南区域选用粳稻品种的原则是什么？推荐品种有哪些？

选用高产稳产，耐肥、抗倒伏，抗病性较强，全生育期 150 天左右，总叶片数为 17～18 片的迟熟中粳或者单季晚粳作一季稻种植，或者全生育期 130 天左右的早熟晚粳品种作双季晚粳种植，如秀水系列品种等。

8. 江苏沿江江南区域选用粳稻品种的原则是什么？推荐品种有哪些？

江苏沿江江南区域粳稻品种选择要根据当地的气候条件、种植制度、栽培方式与茬口类型，选择产量高、品质好、抗性强与熟期适宜，并经国家或省级种子主管部门审定选用或认定，许可在该区域推广应用的粳稻品种。品种选择类型主要有迟熟中粳、早熟晚粳与中熟晚粳，全生育期一般为 150～180 天，亩产一般要达 600 千克以上，品质达国家优质稻谷标准三级以上，抗白叶枯病、纹枯病与条纹叶枯病，耐稻瘟病。如常优系列，武运粳系列品种等。

9. 江西鄱阳湖区域选用粳稻品种的原则是什么？推荐品种有哪些？

鄱阳湖地区光、热、水资源配合良好，具有适宜双季稻生长的良好气候条件，特别是近年来长江中下游双季稻区由于温度升高，早稻安全播种期和移栽期呈提前趋势，而晚稻成熟期呈显著推迟趋势，双季稻安全生产季节显著延长，光温条件能完全满足一季粳稻和双季晚粳生长，但粳稻不耐高温，且易感稻瘟病、稻曲病及褐稻虱等病虫害，导致产量潜力下降。因此，在品种选择上应考虑以下几方面：

①产量较高、品质较好、适应性广。

②抽穗扬花期耐高温、灌浆后期抗倒伏、抗稻曲病等。

③一季稻宜选择生育期较长、产量潜力较大、品质较优的籼粳杂交品种；双季晚粳可选择生育期较短、品质较优的籼粳杂交品种、粳粳杂交种及常规种。

此外，品种穗型偏大为宜，有利于充分发挥粳稻灌浆期较长、后期较耐低温的优势，能充分利用光温资源，提升高产潜力。近期宜选用耐肥、抗倒伏，耐渍性强，分蘖力强，产量潜力大，抗病性强，生育期 155 天左右的单季粳稻品种，如甬优 12、甬优 9 号、春优 84 等。

10. 长江中下游地区粳稻主推品种的特征特性及栽培要点是什么？

（1）金粳 818

适宜地区：安徽淮北、江苏北部。

特征特性：黄淮稻区作单季稻种植，全生育期 155.4 天。株高 101.1 厘米，穗长 15.5 厘米，每亩①有效穗数 20.5 万穗，每穗粒数 136.2 粒，结实率 87.4%，千粒重 23.5 克。稻瘟病综合抗性指数 4.1，穗颈瘟损失率最高级 3 级，条纹叶枯病最高发病率 6.9%；中抗稻瘟病，抗条纹叶枯病。米质达到国家优质稻谷标准 2 级。

栽培要点：①适时播种，培育带蘖壮秧。②秧龄 35 天左右，栽插株行距 26.6 厘米×13.3 厘米，每穴栽 3～4 株。③氮、磷、钾、锌肥配合使用。④干湿交替，确保每亩有效穗数 20 万穗左右。⑤播前药剂浸种，防治干尖线虫病和恶苗病；注意及时防治

---

① 亩为非法定计量单位，1 亩＝1/15 公顷，下同。——编者注

水稻黑条矮缩病等病虫害。

（2）镇稻 18

适宜地区：安徽、江苏。

特征特性：株型较紧凑，长势较旺，穗型较大，分蘖力中等，叶色中绿，后期熟色好，抗倒性较强。每亩有效穗数 20.1 万穗，每穗实粒数 125.9 粒，结实率 93.2%，千粒重 26.3 克，株高 98.6 厘米。全生育期 161 天左右。接种鉴定为中感穗颈瘟，中抗白叶枯病，感纹枯病，中感条纹叶枯病。米质理化指标根据农业部食品质量检测中心 2010 年检测结果，整精米率 71.9%，垩白率 20%，垩白度 2.2%，胶稠度 83 毫米，直链淀粉含量 14.4%，米质较优，食味佳。

栽培要点：①适期播种，培育壮秧。一般 5 月中旬播种，湿润育秧每亩净秧板播量 25～30 千克，旱育秧每亩净秧板播量 40 千克左右。机插秧 5 月 20 日—25 日播种，每亩用种量 3 千克，秧龄 18～20 天。②适时移栽，合理密植。一般 6 月上中旬移栽，秧龄控制在 30 天左右，每亩栽插 1.8 万穴左右，每亩大田基本苗 6 万～8 万。③科学水肥管理。一般每亩施纯氮 20 千克左右，肥料运筹掌握"前重、中稳、后补"的原则，早施分蘖肥，在中期稳健的基础上，适时施好穗肥。基蘖肥与穗肥比例以 6：4 为宜。水分管理掌握前期浅水勤灌，当茎蘖数达到 20 万左右时，分次适度搁田，后期湿润灌溉，成熟前 7～10 天断水，切忌断水过早。④病虫草害防治。播前用药剂浸种防治恶苗病和干尖线虫病等种传病虫害，秧田期和大田期注意灰飞虱、稻蓟马等的防治，中后期要综合防治纹枯病、稻曲病、螟虫、稻纵卷叶螟、稻飞虱等。特别要注意黑条矮缩病、穗颈瘟的防治。

（3）秀水 14

适宜地区：浙江、江苏、上海。

特征特性：该品种长势繁茂，剑叶短挺，叶色绿，直立穗，结实率高，稃尖无色。全生育期 162.6 天。每亩有效穗数 19.2

万穗，株高 98.7 厘米，每穗总粒数 135.7 粒，实粒数 125.1 粒，结实率 92.1%，千粒重 25.8 克。经浙江省农业科学院植物保护与微生物研究所（浙江省农科院植微所）2014—2015 年抗性鉴定，穗瘟损失率最高 3 级，综合指数 3.8；白叶枯病最高 5 级，褐飞虱最高 9 级。经农业部稻米及制品质量监督检测中心 2014—2015 年检测，平均整精米率 70.5%，长宽比 1.8，垩白粒率 35%，垩白度 4.7%，透明度 1 级，碱消值 7.0，胶稠度 72 毫米，直链淀粉含量 15.6%，米质各项指标综合评价两年分别为食用稻品种品质部颁四等和三等。

栽培要点：①适期播种。作单季移栽稻在 5 月下旬播种，每亩大田用种 3 千克，秧龄 25～30 天。直播稻 5 月底—6 月上旬播种，每亩用种量 2.5～3.5 千克。②合理密植。一般大田每亩插足 6 万左右基本苗。③肥水管理。单季稻宜采用平衡施肥方法。每亩施纯氮 15 千克左右，并配施磷、钾肥。每亩苗数达 20 万时，分次搁烤田，烤田不宜过重。齐穗后干湿交替灌溉。直播稻和连晚抛秧稻施肥用量可略低于单季稻。④防治病虫草害。单季移栽稻秧田期及苗期、直播稻幼苗期重点防治灰飞虱，以降低矮缩病发病率；分蘖期防治好纵卷叶螟、稻飞虱、纹枯病等；生育中后期分别重点防治稻纵卷叶螟、稻飞虱、螟虫、纹枯病、稻曲病等。

（4）鄂香 1 号

适宜地区：湖北。

特征特性：该品种株型紧凑，叶片宽，剑叶长，田间叶及谷粒均具清香味。分蘖力强，生长势旺，后期叶青籽黄，熟相好。作一季晚稻，全生育期 129.8 天，比对照汕优 63 长 4.1 天。每亩有效穗数 24.2 万穗，株高 116.8 厘米，穗长 24.3 厘米，每穗总粒数 118.8 粒，实粒数 79.2 粒，结实率 66.7%，千粒重 27.92 克。中感白叶枯病，高感穗颈稻瘟病。稻米品质为糙米率 80.0%，整精米率 57.7%，长宽比 3.3，垩白粒率 5%，垩白度 0.5%，直链淀粉含量 15.6%，胶稠度 77 毫米，主要理化指标达到国家优质稻谷标准。

栽培要点：①适时播种。5 月 25 日—6 月 5 日播种，秧龄控制在 30 天左右。②合理密植，插足基本苗。该品种分蘖力较强，宜少本密植，每亩插足 1.7 万～2 万蔸。③加强水肥管理。注意搞好氮、磷、钾肥搭配，后期追施氮肥不宜过重，以防倒伏。分蘖盛期适时晒田，控制分蘖，后期勿断水过早。④注意防治病虫害。重点防治稻瘟病、纹枯病、螟虫和稻飞虱。

(5) 武运粳 27

适宜地区：安徽、江苏。

特征特性：株型较紧凑，群体整齐度好，抗倒性强，后期转色好，落粒性中等，分蘖力较强，叶色较绿。每亩有效穗数 21.5 万穗，每穗实粒数 116.7 粒，结实率 92.8%，千粒重 26.4 克，株高 92.4 厘米。全生育期 145.4 天。接种鉴定为感穗颈瘟，中感白叶枯病，高感纹枯病，抗条纹叶枯病。米质理化指标据农业部食品质量检测中心 2009 年检测结果，整精米率 69.4%，垩白率 30%，垩白度 1.8%，胶稠度 80.0 毫米，直链淀粉含量 17.2%，达国家优质稻谷标准 3 级。

栽培要点：①适时播种，培育壮秧。一般在 5 月下旬播种，并按实际移栽期分期播种，最迟不超过 6 月 15 日播种，每亩净秧板播种量 30～35 千克，每亩大田用种量 3～4 千克；机插秧每盘播净种 120 克左右，播后保持湿润。②适时移栽，合理密植。一般 6 月上中旬移栽，秧龄控制在 20 天以内，机栽密度以 12 厘米×30 厘米为宜，基本苗 6 万～7 万。③科学水肥管理。一般亩施纯氮 18～20 千克，注意磷、钾肥配比施用，肥料运筹采用施足基肥，早施分蘖肥，确保在有效分蘖临界期总茎蘖数达 20 万以上，穗肥施用以促为主，促保兼顾。水分管理上做到薄水机栽，浅水促蘖，足苗搁田，后期湿润灌溉，确保活熟到老。④病虫草害防治。播种前用药剂浸种防治恶苗病和干尖线虫病等种传病害，秧田期和大田期注意防治灰飞虱、稻蓟马，治虫防病，中后期要综合防治纹枯病、螟虫、稻飞虱等，抽穗扬花期综合防治穗颈瘟、稻曲病等穗部病害。要注意黑条矮缩病、穗颈稻瘟的防治。

(6) 徐稻5号

适宜地区：安徽、江苏。

特征特性：全生育期 158.5 天。每亩有效穗数 20.5 万穗，株高 97.4 厘米，穗长 14.6 厘米，每穗总粒数 109.7 粒，结实率 86%，千粒重 25.1 克。抗性为苗瘟 3 级，叶瘟 3 级，穗颈瘟 5 级。米质主要指标为整精米率 66.9%，垩白米率 13.5%，垩白度 2.2%，胶稠度 79 毫米，直链淀粉含量 17.1%，达到国家优质稻谷标准 2 级。

栽培要点：①育秧。淮北地区一般在 4 月下旬—5 月初播种，每亩秧田播量 30～40 千克。秧田施足基肥，施好"断奶肥""送嫁肥"。②移栽。秧龄 35 天左右移栽，中肥条件下行株距 20 厘米×13.3 厘米，每亩 2.5 万穴，穴栽 2～3 粒谷苗，基本苗 10 万左右。③肥水管理。本田总施氮量控制在 16～18 千克，基肥、分蘖肥、穗肥的比例为 5∶3∶2，基肥以有机肥为主，配合施用磷、钾肥；早施、重施分蘖肥，促使前期早发、快发；抽穗前 15～20 天亩施 2～3 千克纯氮，并增施磷、钾肥攻大穗。浅水插秧，薄水分蘖，适时烤田，抽穗后保持田间浅水层，收获前 7 天断水，养好老稻。④病虫防治。根据植保相关部门预测预报，大田期注意螟虫、飞虱、纹枯病等病虫害的防治。

(7) 甬优538

适宜地区：浙江。

特征特性：该品种株高适中，茎秆粗壮，剑叶长挺略卷，叶色淡绿，穗型大，着粒密，谷粒圆粒形，谷壳黄亮，颖尖无色，有顶芒。全生育期 153.5 天。每亩有效穗数 14.0 万穗，成穗率 64.6%，株高 114.0 厘米，穗长 20.8 厘米，每穗总粒数 289.2 粒，实粒数 239.2 粒，结实率 84.9%，千粒重 22.5 克。经浙江省农科院植微所 2011—2012 年抗性鉴定，平均叶瘟 1.1 级，穗瘟 5.0 级，穗瘟损失率 8.3%，综合指数为 3.7；白叶枯病 2.4 级；褐稻虱 9.0 级。经农业部稻米及制品质量监督检测中心 2011—2012 年检测，平均整精米率 71.2%，长宽比 2.1，垩白粒率 39%，垩白度 7.7%，透明度 2 级，胶稠度 70.5 毫米，直链淀粉含量 15.5%，米质各项指标均达到食用稻品种品质部颁 4 等。

栽培要点：①适期稀播，短龄壮秧。3 月上中旬播种，可比当地杂交籼稻迟播 5 天左右；宜用 370 孔抛秧盘育秧，每盘播干种子 25 克，大田亩用种量 1.25 千克以内。秧龄严格控制在 20 天以内。②早露早搁，够苗晒田。当每丛茎蘖数达到 14 个左右时排水搁田 6～8 天，促进根系下扎，稻株基部粗壮。③施足基蘖肥，酌施穗肥。亩施纯氮 15～17 千克，氮、磷、钾比例 1：0.5：0.8，基肥：蘖肥：穗肥比例分别为氮肥 4.5：4：1.5、钾肥 0：6：4，磷肥作基肥一次性施入。湿润孕穗，深水抽穗，活水灌浆，严禁断水过早。④严防病虫，除草剂慎用。重点防治恶苗病（咪鲜胺等药剂浸种）、病毒病（防治飞虱）、纹枯病（中、后期用井冈霉素等）、稻曲病（破口前 10 天左右和破口期用肟菌酯·戊唑醇等药剂）、稻瘟病（苗期和抽穗期用三环唑）。台风暴雨后要严防白叶枯病。除草剂要选用籼粳兼用型除草剂，严禁在水稻拔节或幼穗分化后施用化学除草剂。虫害重点防治蓟马、螟虫和稻飞虱。

（8）甬优 1540

适宜地区：浙江。

特征特性：该品种长势繁茂，茎秆粗壮，剑叶挺，叶色淡绿，穗大粒多，稃尖无色，偶有短顶芒。在长江中下游作单季中稻种植，全生育期 14.7 天。每亩有效穗数 17.1 万穗，株高 99.9 厘米，每穗总粒数 223.5 粒，实粒数 180.9 粒，结实率 80.9%，千粒重 23.2 克。经浙江省农科院植微所 2015—2016 年抗性鉴定，穗瘟损失率最高 5 级，综合指数 5.3；白叶枯病最高 5 级；褐飞虱最高 9 级。经农业部稻米及制品质量监督检测中心

2014—2015 年检测，平均整精米率 66.4%，长宽比 2.2，垩白粒率 28.0%，垩白度 3.8%，透明度 1.5 级，碱消值 7.0，胶稠度 68.5 毫米，直链淀粉含量 16.2%，米质各项指标综合评价均为食用稻品种品质部颁三等。

栽培要点：①一般在 5 月 25 日左右播种，秧田每亩播种量 10 千克，大田每亩用种量 0.8～1.0 千克，稀播壮秧。②秧龄 22～25 天移栽，栽插规格（23～26）厘米×26 厘米。③亩施纯氮 15～17 千克，氮、磷、钾比例 1∶0.5∶1，重施基肥，增施有机肥，早施促蘖肥，施好保花肥。切忌氮肥偏施、重施、迟施，氮肥基肥、蘖肥、穗肥比例 5∶4∶1，钾肥基肥、蘖肥、穗肥比例 2∶4∶4 为宜。④浅水促蘖，孕穗至扬花结束前保持浅水层，后期薄露灌溉，干干湿湿，忌断水过早。⑤注意及时防治灰飞虱、矮缩病、螟虫、稻纵卷叶螟、纹枯病、细条病、白叶枯病、稻曲病等病虫害，特别注意防治稻瘟病。

(9) 甬优 9 号

适宜地区：江西。

特征特性：该品种属粳型三系杂交水稻品种。在长江中下游作单季晚稻种植，全生育期平均 152.7 天。株型适中、偏籼，穗、粒偏粳，长势繁茂，熟期转色较好。该品种每亩有效穗数 16.8 万穗，株高 118.7 厘米，穗长 24.0 厘米，每穗总粒数 200.4 粒，结实率 77.6%，千粒重 25.8 克。抗性为稻瘟病综合指数 4.4 级，穗瘟损失率最高 7 级，抗性频率 55%；白叶枯病平均 4 级，最高 5 级；褐飞虱 9 级。米质主要指标为整精米率 72.7%，长宽比 2.6，垩白粒率 12%，垩白度 1.4%，胶稠度 75 毫米，直链淀粉含量 16.8%，达到国家优质稻谷标准 2 级。稻瘟病抗性自然诱发鉴定为穗颈瘟 9 级，高感稻瘟病。

栽培要点：①育秧。适时播种，秧田亩播种量 6 千克，大田亩用种量 0.6 千克，药剂浸种消毒，做好秧田水肥管理和病虫害防治，培育壮秧。②移栽。秧龄 20～22 天移栽，栽插密度 26.7

厘米×26.7 厘米，每穴栽插 2 粒谷苗。③水肥管理。大田每亩施纯氮 13～15 千克，氮、磷、钾比例为 1：0.6：1，基、蘖、穗肥比例氮肥为 4：4：2、钾肥为 2：4：4，磷肥主要作基肥施用，分蘖肥在移栽后 10 天及 20 天各施一次，穗肥在剑叶全展期施入。采用好气灌溉法，移栽后 7 天及 14 天各排水轻露田一次，有效分蘖终止期搁田，孕穗至抽穗期薄水养胎，灌浆成熟期干湿交替。④病虫防治。注意及时防治稻瘟病、白叶枯病、细条病、稻飞虱、螟虫、稻曲病等病虫害。

（10）武育粳 33

适宜地区：湖北。

特征特性：株型、株高适中，茎秆较粗，分蘖力较强。叶色绿，剑叶短直。穗层较整齐，镰刀穗，穗型短粗，着粒较密。谷粒卵圆型、稃尖无色、无芒，后期熟相较好。区域试验中每亩有效穗数 22.8 万穗，株高 88.9 厘米，穗长 14.3 厘米，每穗总粒数 117.5 粒，每穗实粒数 96.7 粒，结实率 82.3%，千粒重 28.12 克。全生育期 124.8 天，比鄂晚 17 短 0.7 天。病害鉴定为稻瘟病综合指数 4.3，穗瘟损失率最高级 5 级，中感稻瘟病；白叶枯病 3 级，中抗白叶枯病。

栽培要点：①适时播种，培育壮秧。6 月 20 日前播种，秧田亩播种量 24 千克，大田亩用种量 4 千克，播种前用咪鲜胺浸种。秧苗 2 叶 1 心期亩施尿素 5 千克，移栽前 3～5 天亩施尿素 7.5 千克，以培育带蘖壮秧。②适时移栽，合理密植。秧龄 35 天以内，株行距 13.3 厘米×16.7 厘米，每穴插 3～4 粒谷苗，亩插基本苗 13 万～15 万。③科学管理水肥。施肥以底肥为主，追肥为辅，早施分蘖肥，前期施足钾肥。一般亩施纯氮 12～13 千克，氮、磷、钾比例为 1：0.4：0.5。浅水插秧，寸水返青，薄水促蘖，及时晒田，孕穗至抽穗期保持浅水层，齐穗后灌足水，后期干干湿湿直到黄熟。④病虫害防治。注意防治稻瘟病、白叶枯病、纹枯病、稻曲病和螟虫、稻飞虱等病虫害。

11. 种植户选用粳稻品种有哪些基本原则和注意事项？

农户选用粳稻品种的基本原则：

①具有良好的生态适应性。粳稻原产地在北方，特点是耐寒、耐冷凉、分蘖力较弱、繁茂性较差、耐肥。要因地制宜，从当地的积温、水稻生育期、降水情况、栽培水平、土壤肥力、水资源情况、病虫害发生等多方面考虑来选择良种。例如在稻瘟病易发区应选用抗病性强的品种；在低温冷害易发地区应选用抗低温冷害强的品种；在土质肥沃、栽培水平高的自流灌溉区应选择耐肥、抗倒伏品种；在水源不足地区应选择耐旱品种；同时还要做到早、中、晚合理搭配，做到"种尽其用，地尽其力"。

②具有良好的丰产性。水稻大穗型品种一般植株较高、叶片宽大、抗倒性较差、分蘖力较弱、结实率较低；小穗型品种（或称穗数型品种）一般分蘖力较强、耐肥、抗倒伏；穗粒并重型品种表现分蘖力较强、成穗率较高、穗型较大、结实率较高、适应性广、在不同肥力水平均易获得高产。

③具有良好的抗逆性。水稻品种的抗逆性是水稻高产的保证。选用品种时应根据当地生产上病害发生情况选择抗病性强的品种。如果当地稻瘟病发生重，就应选择高抗稻瘟病的品种，如若当地白叶枯病或条纹叶枯病重，就应选择抗这两种病的品种，否则将会给生产埋下隐患。

④选用优质品种。随着生活水平的提高，城乡人民都喜欢食用优质米。种植优质品种，米好吃、好卖，价格比一般米高，能提高种稻效益。

⑤同一品种或同熟期品种集中连片种植。如果熟期不同的品种在同一块田中插花种植，会给管水、机收带来很大不便，可能

造成减产。随着联合收割机的普及，这一问题显得非常突出。

种植农户选用粳稻品种的注意事项：从具有"三证"的单位购买水稻优良品种，防止购买假种、劣种和不合格品种。"三证"是种子销售许可证、种子质量合格证及经营执照。应选择国家、省级已经审定推广的优良品种。应选择达到国家质量标准的良种，如纯度、净度、发芽率等。同时还要选择标准化和规范化良种，如良种包装、合格证、说明书、标签、名称、品种特性、适应范围、注意事项等。

12. 粳稻种子的质量标准是什么？判定种子质量的方法有哪些？

根据国家标准 GB 4401.1—2008 的规定，水稻种子分常规种、杂交种、杂交稻制种亲本，每一类型又分成两个等级，其质量标准分别是：

①常规种分原种和良种两个等级。原种的纯度不低于99.9%，净度不低于98.0%，发芽率不低于85%，水分不高于14.5%；良种的纯度不低于98.0%，净度不低于98.0%，发芽率不低于85%，水分不高于14.5%。

②杂交种分为两级。一级种的纯度不低于98.0%，净度不低于98.0%，发芽率不低于80%，水分不高于13.0%；二级种的纯度不低于96.0%，净度不低于98.0%，发芽率不低于80%，水分不高于13.0%。

③杂交稻制种亲本（不育系、保持系和恢复系）分原种和良种两个等级。原种的纯度不低于99.9%，净度不低于98.0%，发芽率不低于80%，水分不高于13.0%；良种的纯度不低于99.0%，净度不低于98.0%，发芽率不低于80%，水分不高于13.0%。

质量优良的种子，外观表现可概括为纯、净、饱、壮、干和强。种子质量的优劣可通过实验室检验判定，在不具备种子实验检验条件的情况下，也可以采用一些简易的鉴别方法。

①视觉判断。籽粒饱满、粒型均匀一致、无杂质和缺陷籽粒、色泽新鲜、亮度均匀及无虫害、菌瘿或霉变的种子为优质种子，否则为劣质种子。

②嗅觉判断。无霉味、酒味及其他异臭味为优质种子，否则为劣质种子。

③味觉判断。发芽的种子有甜味，发霉的种子有酸味，发酵的种子有酒味，这些种子发芽率较低。

④触觉判断。手插入种子袋内感觉松散、光滑、阻力小，有响声，抓种子时种子容易从手中流落，这些情况表明该种子水分含量较低，为合格种子，否则为不合格种子。

⑤断面判断。用牙齿咬住籽粒并逐渐加大压力至咬断籽粒，若感觉费力，声音清脆，断面整齐，则表明该种子水分含量低，为合格种子，否则可能为不合格种子。

⑥听觉判断。抓一把种子紧紧握住，五指活动，有沙沙响声，声音清晰，则表明水分含量较低，为合格种子，否则可能为不合格种子。

13. 什么是高温热害？籼、粳稻的高温敏感性有何差异？

高温热害一般是指水稻处于孕穗后期和抽穗扬花期，遭遇连续 3 天以上日平均气温≥30℃、日最高气温≥35℃、同时极端最高气温 38℃以上、相对湿度 70％以下的高温天气，致使孕穗后期的部分颖花发育畸形，影响扬花水稻花药开裂及花粉活力、抑制花粉管伸长，导致受精不良，降低结实率，造成减产或严重减产甚至绝收的一种农业气象灾害。一般籼稻的耐高温性强于粳稻。

14. 长江中下游粳稻生产中如何规避高温热害？

长江中下游稻作区域十分辽阔，各地自然条件、栽培方法、品种类型和稻作制度相差较大，因此在具体选择热害防御对策时应根据当地情况确定。归纳起来，根据实施性质、防御措施主要分为工程措施、生物措施、技术措施三类。

①工程措施。包括建立水稻生育期监控系统和灾害性天气预警预报机制、兴修水利、加强农田建设，从种植环境上维护水稻的正常生长发育，进而提高其抗逆性能。

②生物措施。包括培育耐热性强的水稻新品种、研发植物生长调节剂等。

③技术措施。包括培育壮秧提高秧苗素质、调整播种期确保安全齐穗、科学施肥、以水控温等。其中，防御热害最为经济且有效的措施是创造并培育出耐热性强的水稻新品种；合理安排最佳抽穗扬花期，以有效避开当地的高温天气，即7月下旬—8月上旬。

15. 什么是寒露风？籼、粳稻的低温敏感性有何差异？

每年9—10月由于北方冷空气的南侵而形成的一种低温阴雨和强风天气，因其出现时期一般在"寒露"节气前后，故称为寒露风。粳稻较籼稻更耐低温。一般在水稻抽穗扬花期，当气温低于23℃时，籼稻就会受害，而粳稻受害的下限温度为20℃左右。

16. 长江中下游粳稻生产中如何规避低温冷害？

根据低温出现的规律，采用合理的作物布局，选用生育期适中的品种，使抽穗开花期避开低温冷害。

①避开冷害，适期播种。根据当地的气候规律，确定水稻的安全播种期、安全齐穗期和安全成熟期，以避开低温冷害。

②选用抗冷品种。不同品种的抗冷性不同，重点是扬花期的抗冷性要强，尤其是直播方式的品种更要注意筛选。

③旱育稀播，培育壮秧。在同期播种的情况下，不同的育秧方式和播种量培育出的秧苗素质和抗冷性差别很大。旱育壮秧在插秧后具有较强的抗冷能力，不但能防御秧苗期冷害，而且能早生快发，也能有效地防御出穗后的延迟型冷害，提早齐穗。

④合理施肥，保早发。秧田施肥要采用适氮高磷钾的方法，即适当控制氮肥用量，施足磷、钾肥。这样可以提高秧苗的抗寒力，而且栽插到冷浸田中也不至于因磷、钾吸收不良而发病。

⑤以水调温，减缓冷害。根据水的比热大、汽化热高和热传导性低的特点，在遇低温冷害时，可以以水调温，改善田间小气候。

⑥推广水稻地膜覆盖。通过地膜覆盖，使稻田土壤的温、光、水、气重新优化组合，给水稻创造良好的生育环境。

17. 粳稻生产遇自然灾害后，如何进行生产补救？

（1）低温预防与应对措施

①灌水增温。注意在连续 3 天以上日平均气温低于 22℃时，即寒露风来临前灌 5～10 厘米深的河水、塘水，利用水比热大、导热性低的特点，灌深水增温，田面和穗部温度能提高 1～2℃，对减轻冷害有明显作用，灌水后第 2 天上午排干田水，傍晚重灌温度较高的河水或塘水，维持保温效果。

②喷施磷、钾肥增加抵抗力。在抽穗扬花期发生低温冷害时，喷施磷酸二氢钾、过磷酸钙或氯化钾，都有一定的抗低温效果，有利于提高结实率和千粒重。每亩用磷酸二氢钾 75～100克，兑水 50 千克喷施，或每亩用过筛的过磷酸钙 0.5 千克，兑水 50 千克，搅拌均匀后过滤喷施。与此同时，每亩撒施 750～

1 000千克草木灰，也有同样的作用，能提高根系活力，防止茎叶早衰，延长叶片的功能期，促进籽粒饱满。

③喷水保湿。在遇到干冷型寒露风时，空气湿度相对较低，风速大，采取对禾苗喷水的方法，提高株间和穗部湿度，可促进开花结实。喷水宜在开花前和闭花后进行。

④喷施赤霉素。在寒露风来临前，粳稻不能齐穗时，喷施一次赤霉素，每亩1～2克，兑水50千克，可提早2～3天抽穗，既可减少"卡颈"现象，又能促进早齐穗。

⑤人工辅助授粉。在盛花期遇上寒露风，可以每天用小竹竿拨动上部稻穗或用绳拉，振动稻穗，也可用植保无人机，促进花药开裂，增加授粉概率，可明显提高粳稻结实率，提高稻谷产量。

（2）涝害应对措施

①尽快抢排积水。要及时疏通排水系统，减轻涝害。也可在田间四周开好排水沟，促进根系恢复生长，然后保持干干湿湿的灌水方法。阴天时可一次性排干积水，但在高温强光时，要逐步排水。

②扶苗定苗。把倒伏的稻株逐株进行扶起，扶苗时要小心，避免断根伤叶。及时喷水洗清叶片上的污泥，使其尽快恢复光合作用和呼吸作用。

③做好病虫综合防治。连续暴雨过后，稻体损伤，枯叶较多，易遭遇稻瘟病、纹枯病、卷叶虫和稻飞虱等病虫的危害。要特别做好病虫的防治，尽量减轻洪涝灾害引发的病虫危害，把受灾损失降到最低。

④及时抢收。对已成熟的水稻要及时组织农民抢收，要尽量组织足够的收割机械进行收割，以减少损失。

（3）干旱应对措施

①抗旱救苗。充分利用有效灌溉设施，全力投入抗旱救苗、保苗。

②加强水稻中、后期的田间管理，合理施肥，以提高稻谷产

量。在抽穗前 15 天左右亩施穗肥尿素 5～6 千克，有利于形成大穗。齐穗期亩施粒肥尿素 2～3 千克。齐穗后施肥 2～3 次，常每亩用磷酸二氢钾 150 克，或选用其他高效叶面肥，促进叶片光合产物积累，提高结实率和千粒重。

③加强病虫防治。受旱水稻生育进程都有不同程度推迟，复水施肥后叶色加深，需加强病虫防治工作，尤其是对稻飞虱、纵卷叶螟等病虫的防治。

（4）倒伏应对措施

①选用优质、高产、抗倒伏品种。调整水稻品种结构，扬长避短，减少损失。

②培育壮秧，改变栽插方式。适当深耕（耕作层以 15～20 厘米为宜）及种植绿肥作物有利于加深耕作层，为水稻根系发育创造良好的土壤条件。提倡水稻宽行窄株栽培技术，合理密植，增强抵御自然灾害的能力。

③合理水肥运筹。在水的管理上主要做到以浅水灌溉为主，实行间歇节水栽培法，以增加有效分蘖。其次做到适时烤田，烤田是促进根系生长和下扎、控制无效分蘖、改变田间小气候的重要措施。在施肥上要合理分配好基肥、分蘖肥和穗粒肥的比例，一般要求基肥、分蘖肥、穗粒肥的比例为 5：3：2；施用的肥料品种要合理搭配，一般要求氮、磷、钾比例为 4.5：2：3.5，在水稻抽穗前后喷施叶面肥，补充微量元素，以增强植株的抗逆性。

④采用病虫草害综合防治技术。播前用药剂浸种，减少苗期病害的发生；做好田间管理，增强水稻自身的抗病力；加强田间监测，选用高效低毒低残留农药，保护生态环境，实现水稻高产、优质、高效。

总之，要了解当地气候特点，因地制宜搞好田间管理，减轻天气变化对水稻生长进程的影响，使水稻发挥最大增产潜力。

四、粳稻生产的育秧移栽技术

1. 长江中下游粳稻种植的茬口类型分为哪几种？

长江中下游粳稻种植的茬口主体类型有小麦茬、大麦茬与油菜茬三种。同时还有少量的蔬菜茬、绿肥茬与空闲茬等。南方水田地区过去以单季稻和稻—麦两熟为主，双季稻较少。20 世纪50 年代单季稻改双季稻，间作稻改连作双季稻；60 年代逐渐向北推进到长江流域；到 70 年代，长江中游与华南地区在稻—麦两熟和双季稻基础上，发展了双季稻三熟；80 年代初，长江以南的水田以双季稻两熟或双季稻三熟为主，播种面积约占水稻播种面积的 2/3。三熟的主要方式为绿肥—稻—稻、小麦—稻—稻、油菜—稻—稻。其他主要为小麦（油菜、蚕豆、绿肥）—稻两熟。

2. 如何根据茬口正确选择粳稻的播栽期与种植方式？

茬口早晚直接与腾茬、让茬时间密切相关，也必然影响到粳稻播栽期及种植方式。对于空闲茬，虽然播栽期不受茬口影响，但需从有利于出苗、分蘖、安全孕穗和安全齐穗等出发，合理安排播栽期。早播界限期为日均温稳定通过 10℃的初日，安全移栽期的温度为日均温 15℃以上。对于空闲茬，手插、抛秧、机插与直播等种植方式均可；对于油菜茬、大麦茬与蔬菜茬等早茬口，这些种植方式也均可。播栽期则根据相应的种植方式及品种类型，按照播种期、移栽期、秧龄对口的要求合理安排；小麦茬茬口相对较晚，稻—麦两熟温光资源相对较为紧张，宜选用手插、抛秧与机插三种种植方式，并按照播种期、移栽期、秧龄"三对口"要求合理安排播栽期；如选用直播栽培，则应做到早腾茬早播种，提倡机械匀（条）播，并选用熟期相对较早的迟熟中粳稻品种。

确定播种期通常应考虑三个因素：

①气候条件。要预计安全孕穗期来确定适宜播种期，决定水稻早播极限期的主要依据是使播种能够安全出苗和正常生长。我国各地通常都以当地历年的平均气温稳定通过 10℃ 的初日作为粳稻露地育秧的最早播种期限。粳稻的安全齐穗期的临界温度为 20℃，如果日平均气温低于 20℃，日最高气温低于 23℃，水稻开花就会减少或虽开花而不授粉，形成空壳，影响水稻产量。

②品种特性。品种间的生育期长短不同，播种期也应有差异。中粳的播种期宜适当偏早，不宜偏迟，中粳类型品种的齐穗期除受播种期影响较大外，受移栽期的影响远比晚粳大。晚粳稻在长江流域双季稻区多作为连作晚稻，晚粳品种一般对短日照反应比较敏感，早播早栽可延长大田营养生长期，争取穗大、粒多、高产，在晚粳面积较大的情况下，迟栽的先播，早栽的后播，以保证能安全齐穗。

③前后茬的关系。移栽稻必须根据前作茬口和品种类型做到播种期、移栽期和秧龄对口，移栽稻和直播稻都必须注意安全齐穗期，还应根据各地自然灾害特点来确定安全播种期。

种植方式主要有移栽稻和直播稻，移栽稻又分为机插秧、人工移栽和抛秧。早茬可早播，本田营养生长期较长，分蘖较多，分蘖利用率较高，宜稀一些种植；迟茬插秧迟，本田营养生长期短，宜密植一些。

3. 粳稻采用人工栽插、机插、直播种植各有什么优点和缺点？

（1）人工移栽

优点：能够按照人们的意愿，按照高产的标准进行操作，具有人为控制的优势，容易做到减轻植伤、深度适宜、行直穴匀、不重不漏的作业要求。

缺点：劳动强度大、工作效率低、均匀程度不如机插秧，不适宜大范围种植。

（2）机插秧

优点：秧苗分布均匀，插秧质量好；通风透气好，抗倒伏和病虫害；极大缓解了农忙季节农村人力不足的问题；省时省工，缓解农时，可集中用水，节约成本；劳动强度低，栽插效率高，速度是人工插秧的8倍以上；有利于水稻规模化种植，产业化发展。

缺点：受插秧机的限制，秧龄较短，不宜培育大苗、壮苗，同时存在秧苗返青慢、漏秧、机械损伤、营养生长期延长等问题。

（3）直播种植

优点：省工省力，劳动生产率高；省去了拔秧、插秧等劳动过程，大大减少了用工量；生育期缩短；没有拔秧伤苗和移栽后的返青过程，能提高分蘖、加快发育，有利于缩短生育期；投入产出率高，经济效益好；能省工，减少尿素用量，节省成本，据统计，每亩单位投入产出率较移栽稻高 22.35%，经济效益显著。

缺点：直播粳稻基本苗、高峰苗普遍过大，不仅难以获得高产，还易造成后期倒伏、早衰；齐穗期普遍偏迟，对安全齐穗扬花及产量品质构成严重威胁；草害控制难且成本大，麦秸全面禁烧后果尤为严重。

4. 长江中下游麦茬直播粳稻存在哪些风险？
如何规避？

近年来，随着社会经济的不断发展，大量劳动力不断向第二、三产业转移，轻简直播水稻栽培不推而广。但因长江中下游温光资源偏少，加之直播栽培至今还存在着一些久攻未克的技术难题，稻—麦两熟在大面积生产上仍存在以下诸多问题。一是出苗率不高、不稳，全苗、齐苗与匀苗难；二是持续少免耕直播栽培，不但杂草草相复杂，草害加重，而且滋生杂草稻，药剂无法防除，甚至造成减产绝收；三是直播栽培播种期推迟，生育期也相应推迟，长生育期粳稻品种在抽穗扬花期常常遇到低温危害，影响水稻正常抽穗、开花与结实；四是直播栽培水稻根量少，根层分布浅，茎蘖量大，茎秆细，倒伏风险大，水稻难以稳定高产优质。

长江中下游小麦茬直播粳稻主要存在三个风险。

(1) 小麦茬直播稻不能安全齐穗

麦茬直播稻在麦收后播种，特别是小麦茬直播稻，经常拖到6月上中旬，比移栽稻迟播种1个月左右。播种迟，生育进程相应推迟。如果品种选用不当，或者播种不及时，水稻抽穗期会严重推迟，后期易遇低温而导致不能正常灌浆结实，空秕粒增加，千粒重减少，严重影响水稻的产量和品质。

规避方法有：

①科学安排茬口。因地制宜地安排茬口，扩大大麦茬和油菜茬，扩大早茬口面积，减少小麦茬，使播种期提前。

②选用适宜品种。直播稻品种要看其产量、品质和抗性，更要看它在本地区作为直播稻栽培能否安全抽穗成熟。

③抢抓季节播种。粳稻最佳抽穗温度为24～26℃，生产上最好提前5～7天抽穗，只有抓住适期播种，才能确保直播稻安全齐穗和高产、稳产。

④提高播种质量。直播稻田出苗环境差，要求种子发芽率高、发芽势强，能快速出苗。

（2）直播稻倒伏

从麦茬直播稻的生产实践来看，水稻生长后期遭遇大风大雨，直播稻倒伏面积大，产量受到不同程度影响。分析其原因一方面是直播稻根系扎土浅，遇到大风大雨容易发生根倒；另一方面是生产上麦茬直播稻播种量普遍偏高，基本苗过多，加之大量施用分蘖肥，中期发苗过头，水稻群体过大，个体发育不充分。植株中下层光照少，基部节间过长、充实不足，喜湿性病害纹枯病发生重，抗倒能力下降，容易倒伏。

规避方法有：

①确定适宜播量。直播稻虽然播种迟，但是有明显的分蘖优势，比移栽稻更容易发苗，根据种子发芽率、播种后田间出苗率和目标基本苗数，确定适宜的播种量。

②科学运筹肥料。直播稻施肥应遵循三个原则：一是增施有机肥，有机、无机肥相结合。二是增施磷钾肥，氮、磷、钾三要素平衡协调。三是优化肥料运筹，氮肥在施足基肥的基础上，早施分蘖肥，因苗施用穗粒肥，基肥、分蘖肥、穗粒肥追施比例3：4：3。磷钾肥以基施为主。氮肥施用过多，增加生产成本，容易倒伏，还会污染环境。

③加强水分管理。群体苗达到适宜穗数的1～1.2倍时开始脱水分次搁田，控上促下，增强抗倒能力。

④搞好生化调节。在秧苗分蘖期，喷施多效唑等生化制剂，可促进秧苗分蘖，增强后期抗倒能力。

⑤注意防治病虫。特别要注意防治纹枯病、稻飞虱等病虫害，防止冒穿倒伏。

（3）直播稻杂草重

直播稻播后采用浅湿灌溉，前期田间小环境十分有利于杂草生长，与移栽稻田比，直播稻田除了水生杂草外，还有湿生杂草和旱田杂草，其中恶性杂草以稗草和千金子为主，发生量大。直播稻田杂草种类多，出草时间长，生长旺盛，严重影响直播稻的生长发育，生产上要认真搞好化学除草，控制田间草害，促进直播稻高产、稳产。

规避方法有：

①播后苗前对土壤封闭处理。适合在直播稻播后苗前进行土壤封闭处理的除草剂品种很多，应选择杀草谱广、土壤封闭效果好的除草剂。

②水稻苗后化除。水稻苗后化除应抓住适期进行，化除过早，秧苗小，抵抗力差，容易产生药害；但是化除过迟，除草效果差。注意避免雨前施药。

③人工除草。水稻中、后期田间大草可进行人工拔除。

5. 如何把握机插粳稻的播期、播量及移栽时期？

机插秧苗一般在密生生态环境下生长，对环境非常敏感，秧龄弹性非常小，因此机插水稻适宜播期的安排要求非常高。具体的播种期要根据当地种植制度、前茬收获期、农耗时间以及插秧机的作业量，按照15～20天秧龄来合理安排播期，以充分利用让茬前适宜生长季节的温光资源，使秧苗在栽插前既能生出一定数量的叶与根系，又能按同步规律分化出健壮的根、茎、叶等器官原基，积累一定的营养物质，为大田快发苗、早分蘖打好基础。

机插秧适宜播量的确定应兼顾提高秧苗素质和降低缺穴率两方面的要求，根据种子千粒重、种子发芽率与成苗率等合理计算播量。根据专题试验与大面积高产实践结果，常规粳稻机插栽培，千粒重25～28克，播种量以每盘干种子100～120克为宜。秧龄长的，播种量可稍低些；秧龄短的，播种量可稍高一些。杂交粳稻由于分蘖性比常规粳稻强，每穴栽插的苗数相对较少。千粒重27～30克的，每盘播干种子80～100克为宜；千粒重为23～

26 克的，每盘播干种子 60～80 克。

机插秧的适宜移栽叶龄为 3.5～4.0 叶，此时秧苗基本处于或刚刚结束离乳期，加上播种密度高，根系盘结紧，机插时根系拉伤，插后秧苗的抗逆性比常规手插秧弱。因此，机插秧比常规手插秧缓苗期相对长，活棵返青期要迟 2～3 天，在栽后 7～10 天内基本无生长量。但机插秧移栽叶龄小，大田有效分蘖叶位比手工移栽稻多 2 个，有效分蘖期延长 7～10 天，再加上宽行浅栽、植株生长环境优越、发根能力强、节位低等有利条件，所以机插秧分蘖暴发力足，可使苗期提前。而高峰苗容易冲过头，导致成穗率下降，穗型偏小。在一般情况下，机插秧苗秧龄以 18～20 天为好。为确保适龄移栽，要根据前茬成熟期、收割期的整田进度以及品种安全、齐穗成熟的要求，合理确定播种期。

6. 水稻催芽前为什么要先浸种？浸种时间与标准应该如何掌握？

水稻种子一般呈休眠状态，从休眠状态转为萌芽状态需要足够的水分、适当的温度和充足的空气，吸足水分是种子萌动的第一步。种子在干燥时，含水量很低，细胞原生质呈凝胶状态，代谢活动非常微弱。只有吸足水分，使种皮膨胀软化，溶于水中的氧气才能随水分吸收渗透到种子细胞内，才能增强胚和胚乳的呼吸作用。原生质也随水分的增加由凝胶变为溶胶，自由水增多，代谢加强，并产生酶系统，促进胚乳贮藏的复杂的不溶性物质转变为简单的可溶性物质，释放种子内贮藏的养分，供幼小器官生长。水分也便于将有机物质迅速运送到生长中的幼芽、幼根中去，加速种子发芽进程。所以浸种是水稻发芽的首要条件。一般种子发芽最少要吸收自身重量 25% 的水分，吸收水分达种子重量的 40% 时，对发芽最为适宜。

水稻浸种时间的长短与浸种时的气温和水温的高低有关。温度高时，浸种时间短；温度低时，浸种时间长。若浸种温度为30℃，浸种需2～3天；若浸种温度为20℃，浸种约需5天；若浸种温度为15℃，浸种需7～9天。水稻种子吸足水分的特征是谷壳颜色变深，呈半透明状，胚部膨大突起，胚乳变软，用手能碾成粉，折断米粒无响声。

种子的成熟度不同，出芽的整齐度就不好。经过一段时间贮藏的种子，其发芽势会下降；并且种子会携带某些病菌，使水稻从幼苗期就感染病害，影响水稻的生长发育。做好播前种子处理能够增强种子的活力，提高种子的发芽率，使种子出苗快、整齐且健壮，为水稻高产打下良好的物质基础。种子处理包括晒种、选种、消毒、浸种、催芽等。

晒种：经过数月贮藏的稻种通透性差，二氧化碳含量高，影响种子的活力。通过晒种能增强种子酶的活性，提高种子的发芽势和发芽率。晒种时选择晴天，将种子摊成3厘米左右的厚度，要勤翻动，使之受热均匀。注意防潮，不宜暴晒。一般晒种2～3天即可。

选种：选种的目的就是清除秕谷、草籽，选出饱满、整齐、纯净的种子，以利培育壮秧和减少杂草。

消毒：对于稻瘟病、白叶枯病、恶苗病、细菌性条斑病及干尖线虫病等种子带菌的病害，播前进行种子消毒是很有效的防治措施。消毒后的种子要用清水冲洗干净，以免出芽时受害。

浸种：在选种、消毒的过程中，同时也进行了浸种，如果此时谷壳半透明、腹白分明可见、胚部膨大，用清水冲洗干净，稍晾后即可催芽。

催芽：催芽的作用是使种子播后扎根快、出苗早，缩短了秧田期，并能提高成苗率。一般催芽要求达到的标准是种子破胸露白、芽长半谷、根长一谷。

另外，应用微肥、植物生长调节剂以及其他肥料对种子进行浸种或拌种处理，都能产生增产效应，同时对提高稻米品质、增强抗病抗逆性等也有一定的作用。

7. 催芽有哪几种方式？

水稻催芽的方法有很多，如蒸汽催芽、催芽机催芽、火炕催芽、限水催芽、大堆催芽、塑料棚催芽、温水升温催芽、温水浸种催芽、活水浸种催芽等。蒸汽催芽需要设备和燃料，技术较难掌握，不易普及；催芽机催芽需要专用设备和动力，适用于机播、机插组织和种田大户；火炕催芽适合用种量较少的农家使用，但应加强管理，如不及时管理，上下层种子受热不均匀，发芽长短不齐；限水催芽方法简单，但需要经常浇温水，如果不翻种，发芽不整齐；大堆催芽多在联产承包以前的集体生产应用，靠人工加温，保温措施较简单，种温提高慢，发芽时间长，芽的长短不齐；塑料棚催芽是把大堆催芽方法与塑料棚相结合，靠自然加温，种子受热均匀，发芽整齐，适合于广大农村推广使用。

塑料棚催芽法：利用农村蔬菜大棚或在庭院向阳、背风、干燥之处，根据种子量搭建简易塑料棚，地面挖好排水沟，再铺约10厘米厚消过毒的稻草，在草上铺席子。在晴天早晨把浸好的种子捞出，控去多余的水分，薄薄地摊铺在席子上面，利用阳光照射给种子加温，隔一段时间翻倒种子一次，使种子受热均匀。待下午3时左右、太阳落山前，把种子堆成大堆，把堆内种子翻到堆外层，外层种子翻到堆内，重新盖好继续催芽。当种子破胸时，逐渐散堆翻种，及时补温水，同时把种子摊铺开。随着芽的生长，摊铺的厚度要减小，大棚也要通风降温。经过2~4天即可催出健壮的种芽。

温水升温催芽法：即根据种子量先准备60℃的水，把用药剂浸好的种子倒入搅拌后，把水温调到28~32℃，浸泡3小时以上捞出，不加温直接催芽2~3天。

温水浸种催芽法：将经过精选、消毒的种谷装入尼龙纤维编织袋中，放入盛有温水的容器中，通过搅拌将水温调至 35～36℃，加盖浸种 4 小时，捞起后稍滤干水，趁热马上用农膜包裹 5～6 层，放在干燥避风处，四周及顶层用稻草等松软保温材质覆盖保温。以后每隔 8 小时将种谷与袋子一起放入 35℃的温水中浸 2～3 分钟，沥水后仍照原样包好保温堆放，继续保温催芽，经过 48～52 小时，即可全部破胸出芽，可在晴天及时播种，天气不好则保温摊芽。

活水浸种催芽法：在水稻旱育秧技术上稍做改进，改"基施复合肥"为"使用壮秧营养剂"，改"药剂浸种、加温催芽"为"活水浸种、自然催芽"，这样更有利于培育水稻壮苗。在秧田培肥过程中，一般农户很难掌握培肥技术，往往造成肥害伤苗。改用壮秧营养剂后，每 0.1 亩秧田用经过分解的粉末状壮秧营养剂 1 袋，在落谷前 3 天或者落谷当天直接施用，混入秧床 1 厘米厚的表土层内。这样，秧苗根系易吸收养分，秧苗期不发病、不黄秧、死苗少。在浸种催芽技术上，浸种前应晒种 3～4 小时，选用浸种灵或咪鲜胺（任选 1 种）浸种 60 小时。到第 4 天早上 7 时，用绳子扎紧浸种袋，吊挂在水面下 20～25 厘米处，要求能见阳光。晚上 7 时前取回，放在桶内连续 3 天，等稻种自然破胸露白后播种。

8. 什么是毯状秧苗？什么是钵苗？各有什么优、缺点？

毯状秧苗是指以旱育苗床或者工厂化育秧装置为置床，在置床上摆上长、宽、高为 58 厘米×28 厘米×2.5 厘米的毯式育秧塑料秧盘，并在软盘中装上营养土或基质培育而成的秧苗，秧苗实行机械切秧栽插。

毯苗机插秧顺应了水稻生长的生物学需求，相对直播水稻具有穗型大、熟相好、丰产性强、稻米品质优等优点，能达到高产、稳产、优质的目的，打破了长期以来手插秧为主体的栽培方式。其不足之处在于秧龄短、弹性小、栽插伤苗重、缓苗期长、群体调控难

（前期生长慢、后期高峰苗多）、高产潜力小于钵苗机插秧。

钵苗是指通过专用的塑料钵盘代替塑料毯状秧盘或其他隔离物，实行分穴精量播种、装土、施肥与管理，培育成带有不易散碎又互相分离的带土坨的秧苗。

由于现有的毯状机插秧技术存在播种量大、秧苗素质差、秧龄弹性小、伤秧和伤根严重、每丛苗数不均匀及返青活棵慢等诸多问题，这些问题制约着水稻高产潜力的发挥。水稻钵苗摆栽技术针对以上问题，通过钵苗培育，利用摆栽机按钵精确取秧，实现钵苗摆栽，秧苗根系带土多，伤秧和伤根率低，栽后秧苗返青快，发根和分蘖早，能充分利用低位节分蘖，有效分蘖多，从而有利于实现高产。其缺点是育秧成本和育秧难度较高，秧田用量大，成本高，主要是因钵苗育秧密度较稀，需一次性投入的硬盘成本较大，故更适合用秧量较少的杂交稻或超级稻。

9. 普通秧盘与钵盘育苗每亩本田需要准备多少张秧盘？如何计算？

机插水稻本田所需普通秧盘（长、宽、高为 58 厘米×28 厘米×2.5 厘米）数与栽插穴数、每穴切块面积及漏插率密切相关，栽插穴数则因地区、品种、土壤肥力与栽插期不同而有所差异。土壤肥力高、生育期长、穗型大、早插，则本田所需基本苗与栽插穴数少，所需秧盘数也少，反之则增加。

长江下游毯苗机插常规粳稻高产栽培一般要求亩插 1.7 万～1.9 万穴，每穴 3～5 苗，切块面积不小于 1.75 厘米²，最大秧块面积为 2.38 厘米²，则每张秧盘可栽插穴数＝秧盘面积/切块面积，即每盘可插 682～928 穴。成苗率以 95％计算，每亩需普通秧盘数＝每亩栽插穴数/每张秧盘栽插穴数/95％，即每亩需秧盘 20～30 张，一般需 25 张左右。杂交粳稻高产栽培一般亩插1.5 万～1.7 万穴，需秧盘 18～27 张，一般需 22 张左右。

钵盘育苗抛栽每亩所需秧盘数＝每亩栽插穴数/每盘钵孔数/成苗率。目前，大面积生产上抛秧秧盘一般采用 434 孔或 561 孔，成苗率 90％以上，常规粳稻高产栽培一般亩抛 1.8 万～2.0 万穴，每亩分别需秧盘 47～52 张、36～40 张。杂交粳稻一般亩抛 1.4 万～1.6 万穴，每亩需 434 孔与 561 孔的秧盘数分别为 36～41 张、28～32 张。钵苗机械摆栽一般采用 448 孔钵盘，常规粳稻、杂交粳稻分别亩插 1.6 万穴、1.4 万穴左右，成苗率以 90％计，则每亩分别需秧盘数 40、35 张。

一般毯苗机插水稻秧田与大田比为 1∶100，钵苗摆栽秧田与大田比为 1∶60。水稻机插育秧秧盘主要有毯状秧盘（30 厘米和 23 厘米秧盘）、钵形毯状秧盘、双膜育秧和钵苗播栽秧盘 4 种类型。因育秧秧盘不同，机插秧也有毯苗机插、钵苗机插和钵苗摆栽 3 种类型。毯状秧盘和钵形毯状秧盘因塑料材料不同有硬盘和软盘。插秧机行距一般为 30 厘米（双季早、晚稻，常规品种，亦可选用行距为 25 厘米），栽插密度主要通过调整株距实现，南方连作早稻一般机插株距为 12～14 厘米，每亩插 1.6 万～1.8 万丛，按每秧盘机插取秧量为 650 丛计，加备用秧 5 盘，每亩秧盘用量为 28～33 张。双季杂交稻机插时一般株距控制在 14～18 厘米，每亩插 1.2 万～1.6 万丛，则每亩秧盘用量为 23～28 张。南方单季稻机插时一般株距控制在 16～20 厘米，每亩插 1.1 万～1.4 万丛，育秧每亩大田一般需准备 15～25 张秧盘。每亩所需秧盘用量＝每亩所需的穴数/每盘的种子数，还需要在理论秧盘用量的基础上再加 10％的秧盘数备用。

10. 普通盘与钵盘育苗过程中分别需要注意哪些环节？

与常规秧床育苗相比，盘育苗是在特定的塑料盘中通过育秧营养土或育秧基质培育生长，其肥、水、气的吸收利用与常规大田具有本质的差别。

因此，普通盘育苗需注意：①普通盘育苗要严格掌握播栽期，杜绝超秧龄移栽，毯苗机插适宜秧龄为15～20天，在此基础上提前精做秧床，床板要达到"实、平、光、直"，床宽要适宜，沟系要配套，灌排要通畅。②床土要选择经过培肥熟化的土壤或高质量的营养基质。③秧盘底土及覆土厚薄适宜且均匀，盘土厚度2厘米，盖土厚0.3～0.5厘米。④按规定控制播种量，并精确均匀播种。⑤播后湿润出苗，出苗后严格旱育管理。

钵盘育苗过程中需注意：①配制营养土，一般不使用育秧基质。②精做秧床，根据钵盘规格开沟作畦，做到灌、排分开，内、外沟配套。③严格播量，钵盘按照每孔播常规粳稻种4～6粒、杂交粳稻种2～4粒。④为了防止钵苗根系在起秧时粘连秧板而影响起秧与机插，须在秧盘下铺一层纱网。⑤播种后灌水湿润畦面与秧盘土，出苗后实行全程旱育管理，并注意早施"断奶肥"与病虫防控。

11. 播种前应该做好哪些准备工作？

水稻育苗播种前应根据育秧方式与生产条件进行作业前的准备。主要包括以下几方面：

①水稻的品种选择。水稻要实现高产、稳产，正确选择合适的水稻品种是非常重要的。在进行水稻品种选择时，要注意按照实际的需要进行，不同地区不同的土壤、气候环境等众多因素对于不同品种的水稻有不同的要求。因此，应该根据产量、生育期、口感、米质、抗病防虫能力和抗倒伏能力等要求来确定最适宜的水稻品种，从而确保水稻质量高、产量高。

②水稻种子的处理。在进行浸种催芽前，要确保种子均匀晾晒，晾晒后将种子放置在干燥通风的阴凉处，这样种子的细胞就会得到适时的修复，有利于发芽。种子要用清水淘洗，将杂质、

秕谷撇除。在进行浸种时，每天要确保一次轻微的淘洗，并时常换水。一般浸种会和种子的消毒结合起来，在进行药剂浸种时一定要注意确保药剂的浓度在规定的范围内，浸泡时间不宜过长，部分品种种子在经过浸种后要用清水洗干净才能进行催芽。

③催芽是关键环节。要选择合适的、透气的催芽工具，并且注意催芽时温度的掌控。出芽后播种前，要把种子晾在室内，这样可以锻炼幼芽，使幼芽的抗性和适应性都大大增加。

④育苗设施及材料。置床要浅翻、打碎、搂平、整细。

⑤适时播种，密度适宜。在水稻的播种期内，一定要注意两个基本准则：一是安全孕穗，二是安全齐穗。单季稻要注意在孕穗期到扬花期避开盛夏高温，双季稻要确保其安全齐穗在低温来临前完成。播种量因育秧方式不同而有差别。短龄早栽的小苗或中苗，播种量可增大；而长秧龄大秧，播种量则相应减少。

12. 生产中粳稻的育秧方式有哪些？适宜的播种量各是多少？

目前，生产中粳稻的育秧方式有水育秧、湿润育秧、旱育秧以及塑料薄膜保温育秧、塑料软盘育秧等多种形式。

①水育秧是指整个育秧期间，秧田以淹水管理为主的育秧方式。即水整地、水作床，带水播种，出苗全过程除防治绵腐病、坏种烂秧及露田扎根外，一直建立水层。该种方式常规粳稻适宜的播种量为15～20千克/亩。目前大面积生产上已较少采用。

②湿润育秧，也叫半旱秧田育秧，是介于水育秧和旱育秧之间的一种育秧方法，是水整地、水作床、湿润播种，扎根立苗前秧田保持湿润通气以利根系生长，扎根立苗后根据秧田缺水情况间歇灌水，以湿润为主。该种方式常规粳稻适宜的播种量为20～30千克/亩。目前是非规模种植农户多采用的育秧方式。

③塑料薄膜保温育秧是在湿润育秧的基础上，在播种后于厢

面加盖一层薄膜，多为低拱架覆盖。该种方式常规粳稻适宜的播种量为15～20千克/亩。

④旱育秧是整个育秧过程中，只保持土壤湿润，不保持水层的育秧方法。即将水稻种子播种在肥沃、松软、深厚、呈海绵状的旱地苗床上，不建立水层，采用适量浇水培育水稻秧苗。该种方式常规粳稻适宜的播种量为30～45千克/亩。

⑤塑料软盘育秧是指在旱育秧床或水育秧床（以旱育秧床操作、管理方便）基础上，利用塑料软盘，通过人工分穴点播、种土混播或播种器播种进行育秧的方式。该种方式常规粳稻适宜的播种量为250～300千克/亩。

⑥工厂化育秧。采用专用的播种设备、育秧大棚进行专业化、规模化的育秧，机械化栽插。目前主要是规模化种植户、专业化服务组织应用，也是大力提倡的发展方向。

13. 壮秧的标准是什么？如何鉴别？

总体上看，壮秧的标准有形态特征和生理特性两个方面。形态特征包括叶宽苗健、扁蒲白根、生长整齐、适当秧龄、无病虫害等；生理特性包括光合能力强、碳氮比（C/N）适中、束缚水含量相对较高、移栽后发根力和抗逆性强等方面。

壮秧鉴别标准：

①短白根多。短白根是指0.5厘米的新根，移栽时拔秧把老根拔断，新根基本不会断，插秧后靠这些新根生长成活，因而要求短白根多，无黑灰根。

②茎基部宽大粗扁，叶鞘粗短，叶枕距小，养分多，发根力强。

③苗挺叶绿，秧苗叶片宽大有弹性而不披垂，叶脚不枯黄，叶片含叶绿素多，光合作用强。

④均匀整齐。秧苗要求"一板秧无高低，一把秧无粗细"，没有缩脚苗、弱苗。

⑤无病斑和虫害。要求秧田防除病虫要过关，秧苗没有病虫，移栽后可预防病虫在大田传播为害。

除上述外观特征观察外，常用的鉴别方法还有翘起力法，即用大头针将秧苗茎基部固定在地面或桌面上，茎叶翘起快且高的为壮苗；蔫萎速度法，即同时取秧苗，观察其叶片蔫萎速度，卷曲慢的为壮苗；发根力法，即取秧苗剪去根系，植于沙培或水中，发出新根快而多的为壮苗。

14. 粳稻旱育秧关键技术有哪些？

①苗床选择和培肥。选择土壤肥沃，排水良好的屋前菜地或其他蔬菜地做秧地，播种前每平方米秧地施腐粪肥 3 千克，复合肥 100 克，充分混耙均匀，平整畦面。

②播种。播种前对种子进行处理，每千克种子用多效唑 2 克兑水 1 千克进行浸种，6 小时后用清水冲洗干净进行催芽，露白后即可播种。播种时先把苗床淋湿淋透，至畦沟有水溢出为止，每平方米播种芽 50 克，播后用细土盖种，以看不见种子为度。为防止稻苗青枯病，每平方米苗床用 2 克敌磺钠配成 500 倍液均匀喷洒床面，对土壤进行消毒。再用薄膜或稻草覆盖，以防大雨冲打。

③苗床管理。种子起针后，揭去薄膜或稻草。移栽前 1 天喷药一次防治病虫害，拔秧前半小时先把秧地淋湿淋透。一次拔两三苗作一小把，每 50 或 100 苗扎成一把，以便抛秧操作和掌握抛栽苗数以及手工栽插。

15. 粳稻湿润育秧关键技术有哪些？

（1）稻谷种子的处理

①选种。水稻品种的选择直接影响着秧苗和日后水稻的长势与产量，因此，选种是育秧的关键，应根据当地气候条件、地力

等进行选择，选择那些抗病性强、产量稳定的高产品种。

②晒种。于正式播种之前需要把水稻种子置于阳光下进行晾晒，时间以 1～2 天为宜，目的是为了打破种子休眠，提升发芽率，同时也能够通过阳光中紫外线的杀菌作用把存在于稻谷种子上的病原菌消灭。此外，在晒种期间要经常进行翻晒；不可以将稻种直接置于水泥地上进行暴晒，最好选择竹席进行晒种。

③洗种。晾晒过后要用清水对稻种进行两次清洗，以便在去除那些瘪谷和灰尘的同时冲走部分病原菌。

④进行杀菌消毒处理。在水中放入适当的草木灰，然后搅拌均匀，将谷种放入其中进行浸泡，这样能够起到以下两方面作用。首先，利用草木灰水所具有的碱性原理杀死谷种上携带的病菌；其次，利用草木灰水中含有的镁、磷和钾等为种子提供肥料。通常情况下应该浸泡 3 小时最为适宜，在浸种消毒以后，还需要用清水洗2～3 次，洗掉种子上存在的碱性物质，以防止草木灰水中存在的碱性物质对种子的发芽造成影响。洗完种子以后再催芽。

⑤催芽。用厚度适宜的透明质塑料薄膜将已经浸有足够水分的稻种包扎起来，但不要把口扎得太死，要留出一点缝隙，以为稻种萌发提供所需空气。之后将其放置于阳光下进行增温催芽，早上、晚上可直接将其放置于阳光下，中午时要在其上覆盖一些树枝用来遮阴，到了晚间要拿到室内进行保温处理。催芽时的温度以 30℃为宜，温度过低会造成出芽缓慢，温度过高又会出现烧芽现象。当稻种露白即可准备播种。

（2）苗床地整理

用水对育秧地块进行湿润处理，水耕水整，将墒面的宽度、沟的宽度和深度分别控制在 150 厘米、30～40 厘米和 15 厘米左右；保证畦面没有杂物，且平整、柔软。将墒面整理好之后，把已经腐熟的掺入复合肥的细碎农家肥撒在其上作为秧苗生长营养基质。

（3）播种

把已经发芽的稻种播种于已做好处理的墒面上，之后再在稻种上覆盖一层薄薄的细碎农家肥，不把稻种暴露在外即可。在播种的时候应扣种稀播，每平方米的播种量以15克为宜，大田用种量以每亩1千克为宜，将秧苗面积同大田移栽面积的比例控制在1∶10为宜。此外，播种完成之后要使畦面时刻保持湿润状态，沟内要一直有水。

（4）苗期管理

①常规湿润育秧。在叶子出来之前，只要保证畦面始终保持在湿润状态即可，不宜有水存在于畦面之上；当叶子出来后，灌水要少量多灌，保证发挥出水对温度、肥力的调控作用和促进萌发作用。

②小棚、大棚育秧。对于小棚或大棚育秧，从播种开始到秧苗长出1叶1心期间都要通过盖膜的方式来保证温度，膜内的温度应控制在26～31℃为宜。需要注意的是，晴朗天气时，要于中午把棚膜口两头揭开进行通风透气，以免棚内温度过高引发烧苗现象，早上、晚上则要密封进行保温。秧苗处于1叶1心至2叶1心期间时要逐渐进行炼苗，棚内温度保持在22～28℃即可，当棚内温度超出30℃时要把膜口揭开进行通风降温；当气温低于12℃时则要做密封保温处理。需要注意的是，炼苗的时候要先把秧畦两侧的薄膜揭开，之后再逐渐加大通风量，同时，通风期间为避免秧苗失去太多水分，要在畦面上做灌水处理。当秧苗处于2叶1心到3叶1心这个生长阶段时，秧苗已经顺利渡过了炼苗期，可在气温一直处于13℃以上的稳定状态时，于晴天上午把薄膜揭开，但为了避免秧苗因为温度变化幅度太大而出现青苗、枯死现象，在揭膜之前务必要灌水。

此外，在秧苗生长期间还要经常观察、检查水稻秧苗的生长情况，这样当有病虫害或杂草生长时可以及时发现、及时处理，有利于培育出优质水稻秧苗。

16. **粳稻机插小苗育秧关键技术有哪些？**

①突出培育适龄标准秧苗，扩大秧龄弹性。机插标准壮秧有

一系列指标，其中"适龄"最为重要。目前生产上因各种难以预测的原因而不能及时适龄移栽，栽插超龄秧是个突出问题。在现有机插技术条件下，宜选用产量潜力大的大穗型水稻品种，并务必严格控制适宜秧龄在 3～4 叶。大面积生产中，可根据茬口、耕整地时间以及插秧机的作业量，精确确定适播期，掌握适宜秧龄栽插，并按照"宁可地等秧，不可秧等地"的原则进行分期播种，杜绝超龄秧机插。

②注重育秧床土或基质的制备。优质床土是培育优良机插秧苗的重要前提，通过添加速效肥料进行床土培肥。随培肥量增加，床土速效氮、磷、钾含量迅速增加，速效氮的增加呈指数关系，丘陵土的增加快于冲积土。硬盘铺土、播种和覆土精准且均匀有利于苗齐、苗匀、苗壮，还方便运输。

17. 如何提高机插过程中的插秧质量？

提高机插秧的栽插质量，主要要抓好以下环节：

①调整株行距，使栽插密度符合栽插品种高产、优质栽培设计的合理密度要求。

②调节好秧爪取秧面积，使栽插穴苗数符合计划栽插苗数。

③提高安装链箱质量，放松挂链，船头贴地，确保插深合理均一，栽插深度控制在 2 厘米左右。

④田间水深要适宜，防止漂秧、倒秧、伤秧与空插，宜薄水或无水层栽插。

⑤严格规范机手作业标准及质量，力求行走规范，接行准确，提高均匀度，减少漏插，做到不漂秧、不淤秧、不勾秧、不伤秧。具体操作如下：

a. 耕整田技术。由于插秧机自身对水稻种植田地有着一定的要求，故在实际应用之前，必须按照插秧机机型的特点购买合适的耕田机，合理地耕整田地。确切地说，田地耕翻的深度需要保持在15~18厘米，过浅或者过深均不利于插秧机的正常作业。机插稻的大田要在熟化土壤的基础上耙田达平整，全田高低差不超过3.3厘米，田面整洁，无杂物和漂浮物。大田塆田后，必须注意泥浆沉实，以避免栽插过深和漂秧、倒秧。沉实时间为沙土地1天、黏土地2~3天。要达到泥水分清、沉淀不板结，清水插秧。b. 机插技术。一般情况下，田平、浅水适合机械化插秧，为提高栽插质量，栽前要对插秧机进行检修、调试，确保插秧机械良好，田间插秧应做到插直、插浅、不重插、不漏插，尽量减少机械对秧苗的损伤，保证栽足基本苗。由于机插秧所需时间比传统的手工插秧短，因此，机插秧必须选择在晴天、无风等环境因素均适宜的情况下进行。c. 管理技术。在秧苗栽插完毕后，加强栽后管理是促进秧苗栽后成活快、早分蘖、多分蘖、分大蘖、成大穗的关键。栽插后15天坚持浅水灌溉，忌淹深水，一般总苗数达到预期成穗数的85%左右时及时排水晒田。施好分蘖肥和穗粒肥。大田主要防治水稻螟虫、稻瘟病、纹枯病和稻飞虱等。应该注意的是，秧苗的管理必须和水稻的生育期特征相符合，只有这样才能保证水稻秧苗的健康生长。

18. 粳稻机插的整地质量要求和注意事项是什么？

机插稻大田整地要做到田平，全田高低差不超过3.3厘米，表土上烂下实。为防止壅泥，水田整平后需沉实，沙质土沉实1天左右，壤土沉实1~2天，黏土沉实2~3天，待泥浆沉淀、表土软硬适中、作业不陷机时，保持薄水机插。

目前，稻田整平有旱整平和水整平两种方法。旱整平因田间没有水，便于发挥机械效率，但不易整平；水整平是在泡田后进行，大田高低明显，易于耙碎整平，但带水作业，机械效率低，磨损大。因此，先旱整后水整，水旱结合易于提高工效和整地质量。在小麦秸秆全量还田条件下，旋耕作业时要选用反旋灭茬机械配套 75 千瓦以上动力机械，并放水泡田 2～3 天，以加大旋耕作业深度，提高秸秆全量还田质量。

19. 如何确定适宜的机插密度？机插过程中需要注意哪些事宜？

适宜的机插密度是协调个体、群体高质量生长的关键，对实现机插水稻高产、优质栽培具有十分重要的意义。专题试验与大面积生产实践表明，毯苗机插应"因种、因地、因苗"精准确定栽插密度与规格；大、中、小穗型品种适龄壮秧适宜栽插的每穴苗数分别为 2、3、4 粒种子苗；高、中、低地力水平适宜的栽插密度分别为 1.7 万、1.9 万、2.1 万穴/亩；适龄壮秧适宜的栽插密度为 1.7 万～1.9 万穴/亩，超龄弱苗以 1.9 万～2.1 万穴/亩为宜。钵苗机插栽插密度与规格为大穗型品种 1.3 万～1.6 万穴/亩，每穴 1～2 苗；中穗型品种 1.6 万～1.8 万穴/亩，每穴 3～4苗；小穗型品种 1.8 万穴/亩，每穴 4～5 苗。

在机插过程中，要注意提高栽插质量，严格按照设计的合理密度要求栽插，栽插深度控制在 2 厘米左右，薄水均匀栽插，接行准确，不漏插，不漂秧、淤秧、勾秧。精确栽插包括：

①适龄移栽。根据不同播种期合理安排栽插期，防止秧苗超龄。一般秧龄 15～20 天，叶龄 3～4 叶，苗高 15～18 厘米。起运秧苗要仔细，既不损伤秧苗，又不破坏秧块。

②水层标准。机插时田面要保持花斑水，水深以 0.5～2 厘米最适宜。

③栽插规格。宽行窄株，株距 12～13 厘米，行距 25～30厘米。

④栽插深度宜浅栽。机插深度掌握在 2 厘米左右，要求达到无漂秧、深秧。浅栽适宜活棵、早发。

⑤将漏插率控制在 3% 以内。对漏插率较高的田块与田块四

周，应及时人工补苗，保证栽足基本苗。

20. 什么是插、施、喷一体化作业？效果如何及相应机型有哪些？

水稻插、施、喷一体化作业是指集高速插秧、侧深施肥、全行滴施农药于一体的水稻机插、施肥、施药复式作业机具及技术。在水稻机插秧的同时，一次性将专用复合肥施在水稻秧苗根侧下方泥土中，减施机插秧之前的基肥和之后的追肥，以减少和控制肥料的施用量，减少肥料的流失，提高肥效，还有利于水稻的根部吸收利用；同时，分行分穴滴施特制的小苗除草剂可均匀地扩散药剂，且可高精度滴下需要的药量，杜绝大面积施肥和喷洒农药造成浪费和严重的环境污染，达到节肥、节药、高效、省工、增产和减少面源污染的目的。目前，大面积生产上主要应用的机械有洋马、久富与井关等。主要机型有 VP6DZF、2FH-1.8A（6F）、PZ60ADLF 等。

21. 当前长江中下游粳稻直播有哪几种类型？机直播有哪些优势？

机直播适合规模化水稻种植，局域性强，受气候影响较大。受机直播方式选择的影响，不同机直播方式精密播种难度大，国内尚无理想稳定机型。目前水稻机直播的方式较多，大致上可以分为水、旱直播两种。机械水直播方式主要包括三种：机械水撒播、机械水条播、机械水点播。水撒播可以由飞机或大型机械完成，主要适用于大面积直播模式。水点播是直播机将种子撒于田块表面，操作面较小，适用范围较为广泛。当前，适合于我国的机械直播方式多为浅沟水条直播，也有少量机点直播，旱直播较为少见，生产中有的采用小麦播种机械（要调浅播种深度）进行旱直播水稻，之后再进行水管，即旱播水管。

水稻机直播水稻与移栽相比有较大增产，其原因在于机直播稻生育期短、分蘖早、成穗率高；植株群体通透性好，光合产物累积速度快，干物质积累多；植株养分吸收能力强、根系活力强，可有效增加水稻品种产量。机械化直播是水稻轻型栽培技术中最简单的种植方式，机械投资相对机插少，效益高，操作方便。有利于机械作业是稻作种植技术的重大革新，同时也是对传统生产方式的一种突破，具有广阔发展前景。

22. 机直播对耕整地的质量有何要求？

田块是否平整，田间排水设施是否良好，是机械直播能否全苗的重要条件。田块表面高低不平会严重降低机直播稻发芽率。在生产中，田块平整是机械化水直播是否适宜播种操作的重要指标，也是提高成苗率的关键。无论水直播还是旱直播，都要求田面必须平整，避免高低不平影响出苗率和化学除草效果，沟系要配套，保证灌溉系统排灌顺畅。机直播稻对经过精整待播田块要求地表不平度在3厘米以内，高低差异过大容易造成田间积水，不利于机直播稻生长。由于机直播特殊的田块条件，对播前整地机具的性能及操作人员的技术熟练程度提出了较高要求。在不同水稻栽培措施中，机直播是对精细整地要求较为严格的一种播种方式。目前生产上，规模化种植和专业化服务组织平整田的先进方式是应用激光平整田的装备和技术。

23. 粳稻塑盘育秧及抛栽的技术要点有哪些？

(1) 秧床选择

选择地势平坦、土地肥沃、排灌便利、集中连片的地块，形成相对固定的育苗基地。

(2) 种子处理

种子质量应符合规定，纯度不低于 98%，发芽率不低于 85%。种子经日晒、筛选后，按每亩大田的用种量，用防治水稻恶苗病和线虫病的药剂浸种，催芽露白待播。

(3) 秧盘准备

每亩大田备足 561 孔的合格秧盘 45 盘或 434 孔的合格秧盘 55 盘。

(4) 秧田制作

秧田规格为秧板宽 130 厘米，沟宽 25 厘米，沟深 20 厘米，内外沟配套，灌排畅通；秧板质量为通气式秧田，干整干平，上水验平，精做毛坯，床面平、光、净；秧田面积为秧苗、大田比例为 1：（30～35），适施基肥。

(5) 播种育苗

①适期播种。根据腾茬早迟预计抛秧日期，秧龄掌握在 18～20 天，一般播期在 5 月下旬，播量 561 孔秧盘每盘用干种 60 克，434 孔秧盘用干种 50 克（折合每亩大田用种量 3 千克左右）。

②铺盘装泥。将秧盘两列横贴，盘与盘紧靠不留空隙，盘底与床面密接。用河泥或秧沟泥作育秧土，调成稀稠适中的泥浆（泥浆不可加肥料），均匀浇入秧盘中，同时清除泥浆中的杂物和泥块，刮平盘面泥浆，防止串根。

③均匀播撒。等泥浆稍做沉实后即可定畦，定量均匀播种，来回撒播，每穴落种 3～4 粒，用笤帚蘸水，将盘面上的泥浆和种子扫入空穴中。

④秧田水分管理。播后 3 天内保持平沟水，之后晴天满沟水，阴天半沟水。出苗前如遇大雨，要先上大水闷盘或用覆盖物覆盖，雨停及时排水或清除覆盖物。起秧前 2～3 天，放水保持秧盘空穴中泥土干湿相宜，有利于分秧抛栽。

⑤秧田追肥。1 叶 1 心时施"断奶肥"，起秧前 1～2 天施"起身肥"。每次每盘用尿素 3 克左右，45 盘约用 135 克，55 盘约

用165克，兑水浇施。在此期间，提倡多次浇施腐熟的稀人畜粪。

⑥化学控制。秧苗1叶1心时，每50盘用15％的多效唑3～5克均匀喷雾，亦可在种子处理时用15％的多效唑一并浸种。若本田使用二氯喹啉酸进行化学除草，秧田则不可使用多效唑进行化控，以防药害。

⑦病虫防治。秧田期主要有灰飞虱、螟虫等，视发生情况进行防治。

（6）抛栽

①大田准备。干耕、晒垡、上水，用机械水田耙或人工整平。做到肥足（有机肥与无机肥结合，速效与迟效搭配）、田平（田面高低不过寸）、泥熟、水浅（寸水不露墩）、沟全（每隔2.5米扒一条竖沟，做到横竖沟相连，田内沟配套）、无残茬，保持瓜皮浑水抛秧。干耕前施有机肥，抛秧前一天施面肥。

②抛期与密度。及早整地，6月10日左右开始抛栽，6月15日前抛栽结束。每亩大田抛栽成穴率95％左右的秧苗45～55盘，抛足2.2万～2.6万穴，基本苗5万～6万株。

③抛秧。尽可能选择阴天抛秧，晴天抛晚时秧，并随起随抛。抛时大把地抓起秧苗，迎风高抛、匀抛，高度3～5米，先远后近。先抛总盘数的70％，剩余30％来回补稀、补缺，消灭33厘米×33厘米（一尺见方）的空当。抛后当天及时将沟内秧苗捡起补空，2～3天内不要下田移苗、扶苗，4天内保持湿润状态。阴天不灌水，晴天满沟水，田面瓜皮水，做好平水缺，防止大雨冲刷引起漂秧。

五、粳稻生产的水肥管理技术

1. 水稻吸收养分的基本规律是什么？

粳稻正常生长发育需要 17 种营养元素，包括碳、氢、氧、氮、磷、钾、钙、镁、硫、铁、锌、锰、铜、钼、氯、硼及硅。碳、氢、氧在植物体组成中占绝大部分，是水稻淀粉、脂肪、有机酸、纤维素的主要成分，它们来自空气中的二氧化碳和水，一般不需要另外补充。氮、磷、钾三元素需求量大，单纯依靠土壤供给不能满足粳稻生长发育的需要，必须另外施用，所以又叫肥料三要素。对其他元素需求量有多有少，一般土壤中的含量基本能满足，但随着高产品种的种植，氮、磷、钾施用量增加，粳稻微量元素缺乏症也日益增多。

南方粳稻每生产 100 千克稻谷，氮（N）、磷（P_2O_5）、钾（K_2O）的吸收量分别为 1.90～2.10 千克、0.8～1.5 千克、1.8～3.8 千克，随着品种、气候、土壤和施肥技术等条件的不同而变化。不同生育时期对氮、磷、钾吸收量的差异十分显著，从秧苗到成熟的过程中，呈现生育前期吸收量较低，中期达到高峰值，而后期又下降的趋势。此外，粳稻对硅的吸收量也很大，在生产上，应注意采取稻草还田、施用堆肥或硅酸肥料等措施，以满足粳稻对硅的需要。

2. 粳稻主要生育阶段的需肥规律是什么？籼、粳稻间有什么差异？

粳稻主要生育期对营养元素的吸收随生育进程推进而表现不同，但具有一定的规律。在生育前期（移栽至拔节期）植株吸收肥量较大，特别是钾肥，达到最大值；生育中期（拔节至抽穗期）氮、磷肥吸收量达到最大值，钾肥较次之；抽穗后期植株吸收肥量相应减少。

籼稻在各主要生育阶段的需肥规律总体也呈现生育前期需肥量少，生育中期对氮、磷、钾的吸收比例最大，与粳稻需肥差异之处在于籼稻生育后期对磷、钾肥的吸收仍占有一定比例，而粳稻生育后期植株吸收比例较小，钾肥甚至出现淋失。此外籼稻需肥量总体要低于粳稻。

3. 高产粳稻对氮、磷、钾等养分元素的吸收特点是什么？

氮是影响粳稻生长发育最重要的营养元素，在粳稻产量形成过程中起着决定性的作用。高产粳稻因具有较大的生长量，对氮肥的需求量较大，在分蘖至拔节期吸收量较大，抽穗期达到最大，之后有所降低。生产中为提高成穗率，增加氮肥利用率，通常实行"前氮后移"施肥技术。

磷是作物营养三要素之一，作物主要吸收正磷酸盐，也能吸收偏磷酸盐和焦磷酸盐，粳稻一生的总吸磷量随产量的增加而增加，而粳稻产量的高低与拔节至抽穗期的吸磷量关系最为密切，其次是抽穗至成熟期，再次是有效分蘖期，无效分蘖期的吸磷量与产量关系的密切程度最低。

钾作为粳稻生长必要元素之一，其不仅能促进粳稻叶片光合作用，还可以提高粳稻对氮素和磷素的吸收利用。高产粳稻需要大量钾肥，粳稻一生中对钾元素吸收最多的时期是在移栽至拔节期，其次是穗分化开始至抽穗期，至抽穗期吸收积累量达到最大，但之后至成熟期有一定淋失。

4. 粳稻生产中肥料利用率现状如何？如何提高肥料利用率？

肥料利用率是指当季作物从所施肥料中吸收养分占所施总养分的百分数，其实质是当季作物对所施养分的表观回收率。施到土壤中的肥料并不能全部为作物吸收利用，其利用率的大小与肥料种类、施肥方法、土壤性质和气候条件等有密切关系。一般肥料利用率越高，肥料的增产效益越大，肥料中有效成分的损失也越小。在目前栽培技术管理水平下，一般在水田中，粳稻对氮肥的利用率是 $25\%\sim50\%$，磷肥是 $20\%\sim25\%$，钾肥是 $50\%\sim60\%$。由此可见，现有粳稻生产中肥料利用率，特别是氮、磷肥利用率比较低。

可以通过分别提高氮肥、磷肥及钾肥利用率来提高肥料的利用率。提高氮肥利用率主要是以防止铵的硝化为主，如进行深层施肥、使用氮肥增效剂、施用长效氮肥等方法；提高磷肥利用率一般是将磷肥作基肥使用，或者将磷肥集中施入根际附近；提高钾肥利用率可以通过基肥深施、后期追肥。此外，通过氮、磷、钾肥三者配合施用，或者化学肥料与农家肥料混合施用等方法可提高肥料利用率。

5. 如何确定肥料用量与肥料类型？如何科学运筹？

施肥量应根据粳稻生产的目标产量、土壤养分供应、肥料养分含量及其利用率等因素进行全面考虑，理论上施肥量可以根据产量指标使用下式计算：

肥料施用量（千克/公顷）＝［目标产量需肥量（千克/公顷）－

土壤供肥量（千克/公顷）］/［肥料利用率（％）］

目标产量需肥量（千克/公顷）＝目标产量（千克/公顷）

×百千克籽粒需肥量（千克）

土壤供肥量（千克/公顷）＝无肥区产量（千克/公顷）×

无肥空白区百千克籽粒需肥量（千克）

无肥区产量（即不使用氮肥、磷肥和钾肥条件下的产量）代表土壤基础地力产量，能够反映土壤养分供应量。土壤养分供应量主要决定于土壤养分的贮存量和有效程度。

目前生产上北粳南移（如江西）品种主要以籼粳杂交稻为主，因其生长量较大，相应需肥量要高于籼稻，导致对地力耗肥过大，应注意选择肥力较高的土壤种植。在肥料类型选择上，应注重有机、无机肥配合施用的原则，也可选择施用复合肥，包括氮钾复合肥、氮磷复合肥和氮磷钾复合肥等。

肥料运筹对粳稻高产、优质、高效栽培至关重要，合理的肥料运筹能够提高粳稻种植的经济效益，减轻肥料对环境的污染。高产粳稻栽培在肥料运筹上应根据土壤肥力状况、种植制度、生产水平和品种特性进行合理施肥。近年来的试验研究表明，双季晚粳稻（籼粳杂交品种）产量为 7 500～8 250 千克/公顷时，氮肥（N）用量为 180～195 千克/公顷；当产量为 8 250～9 750 千克/公顷时，氮肥用量为 195～225 千克/公顷；当产量为 9 750～10 500 千克/公顷时，氮肥用量为 225～240 千克/公顷。而磷（P_2O_5）、钾肥（K_2O）对产量贡献要低于氮肥，生产中双季晚粳稻高产（≥9 750 千克/公顷）钾肥（K_2O）施用量为 180 千克/公顷、磷肥（P_2O_5）施用量为 90 千克/公顷。另外在施肥方法上，磷肥一般全作基肥；钾肥 50％作基肥，其余作穗肥；氮肥运筹为基肥：分蘖肥：穗粒肥以 5∶2∶3 或者 4∶2∶4 的比例施用能获得高产。

6. 生产中常用的施肥方法都有哪些？各自有什么特点？哪种更适合粳稻栽培？

南方双季稻各生态区地力与环境条件差异较大，施肥方式也各异，主要表现在基肥、追肥比例及其追肥时期、数量配置上。在施肥方法上，磷肥一次性作基施，钾肥作分蘖肥、穗肥两次施用，按 5∶5 比例等量施入。而氮肥目前生产中采用的施肥技术有：

①"前氮后移"精确施肥法。该施肥模式是在栽插合理基本苗的前提下，适当减少基蘖肥的施用量，使粳稻稳健生长，合理促进高峰苗的形成，同时控制无效分蘖的发生，通过合理增加穗肥的施用量，重施促花肥，促进穗大粒多。该施肥方法精确了氮肥施用，增加粳稻氮素养分高效利用，减少氮素损失，并提高粳稻产量。

②底肥"一道清"施肥法。该施肥模式将全部肥料于整田时一次性施下，此法肥料利用效率较低，较适用于黏土、重壤土等保肥力强的稻田，或在控缓释肥时施用。

③"前促"施肥法。该施肥法是在施足底肥的基础上，早施、重施分蘖肥，以促进分蘖早生、快发，确保增蘖、增穗，尤其是在基本苗较少的情况下更为重要。一般基肥占总施肥量的 70%～80%，其余肥料于返青后全部施用。此施肥法主要用于栽培生育期短的品种、施肥水平不高或前期温度较低、肥效发挥慢的中低产田中。

④"前促、中控、后补"施肥法。该施肥法强调中期限氮、后期补氮。在施足底肥基础上，注重前期早攻分蘖肥，促进分蘖，确保多穗；中期搁田控氮，抑制无效分蘖，争取壮秆大穗；后期酌情施穗肥，以达到多穗、多粒、增加粒重的目的。这种施肥法以南方一季中粳稻为主，适于生育期长、基本苗栽插不足、

分蘖穗比重大的杂交稻。

由于粳稻发蔸性较差，为保证植株较大的生长量，需要增加对氮素的吸收量；而拔节长穗期足量氮素施用对于保蘖、增穗、增花增粒、保花增粒及为灌浆结实奠定基础具有重要作用。因此，生产上可选用"前氮后移"精确施肥法，基蘖肥：穗肥可按（6：4）～（7：3）的氮肥运筹方案施用，可使双季晚粳稻高产、优质、高效得到较好的协调统一。

7. 新型肥料有哪些？粳稻生产中如何选用适宜的新型肥料？

新型肥料是包含有新工艺、新技术、新配方、新物质、新元素、新形态，使用具有新功能、新效果的一类化肥。目前生产中新型肥料都有：

①有机肥料。主要来源于植物和动物，施于土壤以提供植物营养为其主要功能的含碳物料。

②生物肥。以有机溶液或草木灰等有机物为载体接种有益微生物而形成的一类肥料，主要功能成分为微生物菌。

③复混肥。复混肥料的简称，是指含有多种植物所需矿物质元素或其他养分的肥料。

④叶面肥。在作物生长期间施于作物叶面的肥料。特点是叶面直接吸收，见效快、养分利用率高，能迅速改善作物养分供应状况。

⑤缓释肥料。缓释肥料包括缓释肥与控释肥两大类型。缓释肥是指通过化学和生物的因素使肥料中的养分释放效率变慢。控释肥是通过外表包膜、添加脲酶抑制剂或者天然、合成材料的方式使水溶性肥料中的养分缓慢释放。

⑥微肥。补充作物对微量养分需求的肥料。常用的微肥有硼肥、锌肥、铜肥、铁肥、钼肥。

根据粳稻产量潜力、生长规律与需肥特性，粳稻生产中更多选择复混肥。虽然缓释肥料可使肥料养分释放与作物吸收保持同步，满足作物不同生育阶段对养分的需求，可以最大限度地减少肥料损失，提高肥料养分利用效率，但是缓释肥料生产过程复杂，价格偏贵，目前在水稻生产上施用还不多。根据地力水平、前作及季节等，一般应注重有机、无机配合施用，提倡冬种绿肥，进行秸秆还田等。

8. **移栽与直播粳稻在施肥上有何异同？如何做到科学施肥？**

移栽粳稻施肥一般可分为基肥、分蘖肥、穗肥及粒肥，而直播粳稻与移栽稻不同之处在于分蘖肥要分两次施用，一次是在 2 叶 1 心期，另一次是在幼苗 4 叶 1 心期出现分蘖时施用。

在生产上，移栽粳稻的氮肥施用模式应在合理基本苗的前提下；适当减少前期基蘖肥的施用量，使粳稻稳健生长，合理促进高峰苗的形成，减少无效分蘖的发生；合理提高后期穗肥的施用量，做到前氮后移，促进穗大粒多；并适当增加磷、钾肥比例，促进稻米品质改善。

而直播粳稻由于前期分蘖早而快，养分消耗多，需要适当多施肥；中期易产生群体过大的现象，故需要适当控制施肥；后期早衰倾向较移栽稻明显，故需适当补肥。根据其施肥规律，生产上可采取"前促、中控、后补"的施肥原则。在施足底肥的基础上，3 叶期施好苗肥，少施分蘖肥，中期视苗情适当施用接力肥，后期施好促花保花肥。总体把握平衡施肥，浅湿灌溉，预防倒伏。

9. **什么是水稻的生态需水？什么是水稻的生理需水？**

利用水作为生态因子，营造一个高产栽培所必需的体外环境而消耗的水，称为生态需水。如以水调温、以水调气、以水调肥等。而生理需水是直接用于粳稻正常生理活动及保持体内水分平衡所需的水分。如作为光合作用的原料，参与气体交换、矿质养分运输和有机物制造等营造一个正常代谢的体内环境而消耗的水。

10. 稻田的需水量是什么？包括哪几个方面？

粳稻生长期间叶面蒸腾、株间蒸发和地下渗漏的水量合称为需水量。叶面蒸腾与株间蒸发的水量又合称为蒸发量。稻田蒸发量、渗漏量的规律是适时、适量进行灌溉的主要依据。

①蒸发量。粳稻一生中蒸发和蒸腾是互为消长的，蒸发由多到少，而蒸腾由少到多。从蒸发强度来看，呈现出由多到少，又由少到多的过程。一般返青期到分蘖初期蒸发强度较小；之后增加，到孕穗至抽穗开花期达到最大值；进入灌浆结实期，蒸发量下降。蒸发量除与气象条件有关外，也受栽培技术如密度、施肥水平和灌溉方式的影响。一般是随着密植程度、施肥水平的提高和灌水量的增大而增大。

②渗漏量。土壤的渗漏因土壤质地、稻田的整地技术、灌水方法及地下水位高低不同而有很大变化。一般来说土质黏重的稻田，渗漏量较小，全生育期日平均渗漏量为 10～20 毫米，沙性重的土壤渗漏量较大，而地下水位高的稻田，渗漏量也相对较小。高产田保水性能好，一般渗漏量在 10 毫米左右。

11. 粳稻一生的需水规律是什么样的？

粳稻种子在萌发期需水量较少，在适当的温度和氧气条件下，只要吸收种子本身重量 25% 的水分就可以萌发，40% 最为适宜。从生理上看，幼苗期更适宜湿润。为了促进早分蘖，争取低位分蘖，促进根系发育，使植株更健壮，要求浅水灌溉。粳稻从幼穗分化期到抽穗开花，蒸腾作用旺盛，是粳稻一生中生理需水最多的时期，也是耐旱性最弱的时期，同时还是粳稻生理上最重要的时期。灌浆结实期是谷粒充实期，谷粒中的物质绝大部分是出穗后光合作用的产物，少部分是由前期积累的物质转移到谷粒中。这时缺水会使籽粒不饱满，千粒重下降，秕粒增多。蜡熟期以后需水量下降，可以保持湿润状态或适度落干，以促进早熟。

12. 籼、粳稻灌溉规律存在何种差异？

籼稻生育期合理灌溉原则是"深水返青、浅水分蘖、有水孕穗、干干湿湿养到老"。粳稻采用的是"浅、湿、干间歇灌溉"的原则。两者区别在于粳稻幼苗期要求浅水灌溉，因为浅水灌溉可以提高水温、地温，增加茎基部光照和根际的氧气供应，加速土壤养分分解，为粳稻分蘖创造有利条件，若灌水太深，会抑制分蘖；而籼稻要求是深水返青，促进早生快发。

13. 移栽稻前、中、后期的水分管理应注重哪些要点？关键技术有哪些？

移栽稻返青分蘖期应按照"浅水返青，薄水分蘖"的原则进行水分管理。浅水返青需要粳稻移栽后田面必须有 3～4 厘米的浅水层，以防生理失水，减少死苗；薄水分蘖一般需要保持 1.5 厘米深的水层，并做到"后水不见前水"，以利于协调土壤水、肥、气、热的矛盾。当粳稻茎蘖数达到预定穗数的 80% 时，要及时排水，适度晒田，以控制后期无效分蘖；后期要采用干湿交替灌溉方法，切忌断水过早，以防止早衰倒伏。

14. 直播稻前、中、后期的水分管理应注重哪些要点？关键技术有哪些？

水分管理要做到既有利于稻苗生长，又能抑制杂草生长和防倒伏等问题。直播稻的水分管理做到三点：一是现青至 3 叶 1 心期不轻易灌水，保持土壤湿润直至畦面有细裂缝，这样既有利于引根深扎，又有利于秧苗早生快发；3 叶期后建立浅水层，促进分蘖发生。二是当茎蘖数达到预定穗数的 80％时，及时排水晒田，由于直播稻根系分布浅，应先轻后重，多次晒田，以利于促根壮秆。三是后期要干湿交替灌溉，切忌断水过早，防止早衰倒伏。

15. 粳稻种植旱管技术是什么？

在粳稻直播以后，田间水分管理采用旱管理方式的雨养稻灌溉技术，除自然降雨外，一般不需进行人工灌溉的水分管理模式，即水稻旱种。种子播种后，保持田间湿润，待种子发芽、出苗后进行适当灌水，以后水分管理以清晨能吐露珠及中午不卷曲为度，扬花灌浆期若持续干旱则需灌溉 1～2 次。整个生育期保持田间土壤处于湿润半干旱状态，旱管技术能起到节水效果，节本增效，有利于增强植株抗倒伏能力。

六、粳稻生产的病虫草害防治

1. 粳稻生产中病虫草害防治原则是什么？

①强化预测预报与监测监控，及时发现病虫草害。

②维护生态平衡，贯彻"预防为主、综合防控"的原则。

③坚持绿色防控、生态防控，辅之物理与生物防治，尽量不用化学农药。

④提早防治、提早控制。

⑤以低毒低残留与高效农药为主，不用高毒高残留与低效农药。

⑥循环交替用药，防止产生抗药性。

2. 粳稻生产中病虫害防治方法有哪些？

①选用抗病品种。如针对性选用抗（耐）恶苗病、纹枯病、稻瘟病、螟虫与茎秆粗壮、抗倒的水稻品种，可以实现不（少）用药，并减轻或避免病虫害的发生和危害。

②生态调控方法。如通过调整播栽期、培育壮秧、合理施肥与灌溉、清洁田园、覆盖防虫网等，可以达到防控病虫害或者增强水稻抗病虫害能力，减轻病虫发生，减少农药使用，维护生态环境。

③物理防控方法。如种植诱虫植物或替换植物、放养害虫天

敌、安装杀虫灯、释放性激素等防治稻飞虱、螟虫等，减少农药防治次数与用量。

④生化防治方法。可以通过针对性选用合适的药剂浸种，消除种传病害，并控制苗期虫害，同时在水稻关键生育时期，在预测预报的基础上，对达到防治指标的主要病虫害及时选用生物农药、化学农药进行精准施药，以控制或减少病虫害发生，但需注意轮换与交替用药，防止产生抗药性及对环境造成污染。

⑤防治实施上采用"统防统治"以及高效器械与技术。

3. 病虫害药剂防治时的常用农药类型有哪些？如何正确选择农药？

根据制作工艺、用途、载体或辅助剂的不同，稻田常用农药主要有以下类型：

①可湿性粉剂。由农药原药、湿润剂和填料经机械或气流粉碎而制成的粉状混合物制剂。它也是我国农药的主要剂型之一。

②颗粒剂和大粒剂。颗粒剂是用原药、辅助剂或直接用载体颗粒经包衣、吸附加工制成的粒状制剂，可分为解体和不解体两种；该药型使用方便，无污染，对天敌影响小。大粒剂指每个包装重量在1~50克的颗粒状、片状、袋状或块状剂型，主要分发泡片和水溶性袋状两大类。

③乳油、乳状液和浓乳剂。乳油是由农药原药、乳化剂和溶剂制成的单相油状液体。乳状液亦称乳浊液或乳剂，是乳油兑水后形成的稳定乳浊剂。浓乳剂是将农药有效成分作为分散相，以水为连续相，在激烈的搅拌下借助适当的乳化剂将农药原药分散在水中，后加入稳定剂、防冻剂等助剂配制成的乳状液。

④水剂、块剂和片剂。水剂是指由易溶于水的农药原药加水配制成的剂型。块剂是指农药原药与分散剂通过分散法制成的块状制剂。片剂亦称锭剂，是用农药原药、填料和辅助剂制成的片状制剂。

⑤胶体剂和胶悬剂。胶体剂亦称乳粉，是由农药原药的分散剂加热溶化，干燥后粉碎形成的粉状制剂。胶悬剂亦称悬浮剂、流动剂、水悬剂，指不溶或微溶于水的固体农药原粉加表面活性剂，以水为介质，利用湿法进行超微粉碎制成的黏稠可流动的悬浮液。

⑥胶囊剂和微胶囊剂。胶囊一般是将易发挥、有效期短或高毒的农药贮装在明胶囊里制成的剂型，是缓释剂的一种。微胶囊剂亦称微囊，是将农药原药包入某种高分子膜微囊中制成的剂型。

正确、科学施用化学农药的总原则是有效、经济、安全。选择农药时要做到以下几点：

①对症下药。要根据病虫害的种类选用对症农药。

②适量用药。适量就是单位面积的用药量或稀释倍数要合适，不要过多过少，做到既保证药效，又不造成浪费。

③适时用药。要根据预测预报和自查田中的病虫情况，选择最有利于消灭病虫的时期用药，不可过早过晚。

④合理混合和交替施用农药。稻田中的病虫害种类多时，选择合适的农药混合施用可以提高防治效果，并尽量做到一次用药同时防治2种以上病虫害，以节省防治成本。一种农药不宜长期单一施用，应与其他效果基本相同的农药交替施用，以防止或减缓病虫对某种药物产生抗药性。

⑤施药方法正确。要按照水稻苗情以及田中病虫害发生情况，划分好防治对象田，进行重点防治和一般防治，既不滥治，又不漏治。同时还要根据不同病虫危害特点科学防治，如防治稻飞虱，药剂应施在稻株下部；防治稻纵卷叶螟，以喷雾方式施用

效果为好。水稻主要病虫害防治药剂见表1。

表1　水稻主要病虫害防治药剂推荐表

防治对象	推荐农药	防治适期
二化螟、三化螟	生物农药：16 000IU/毫克苏云金杆菌可湿性粉剂300～400克、5%阿维菌素乳油50～150克。 化学农药：5%甲氨基阿维菌素苯甲酸盐水分散粒剂30～50克、24%甲氧虫酰肼悬浮剂60～90克、20%氯虫苯甲酰胺悬浮剂10～30克、5%环虫酰肼悬浮剂90～150克、34%乙基多杀菌素·甲氧虫酰肼悬浮剂24～60克、10%阿维·甲氧虫酰肼悬浮剂60～100克、5%多杀·甲维盐悬浮剂30～75克	二化螟卵孵化高峰期或水稻枯鞘高峰期。 三化螟卵孵化高峰期
稻纵卷叶螟	生物农药：30亿PIB/毫升甘蓝夜蛾核型多角体病毒悬浮剂50～100克、5%阿维菌素乳油50～75克、32 000IU/毫克苏云金杆菌可湿性粉剂200～300克、10%多杀霉素悬浮剂30～40克。 化学农药：5%甲氨基阿维菌素苯甲酸盐水分散粒剂25～35克、20%氯虫苯甲酰胺悬浮剂10～30克、30%茚虫威悬浮剂8～12克、6%阿维·氯苯酰悬浮剂42～52.5克	稻纵卷叶螟卵孵化高峰期至1～2龄幼虫高峰期或初见叶尖卷曲（新苞）时
稻飞虱	生物农药：1.5%苦参碱可溶性液剂50～100克。 化学农药：10%三氟苯嘧啶悬浮剂10～15克、50%吡蚜酮可湿性粉剂15～20克、烯啶·吡蚜酮水分散粒剂10～20克、20%呋虫胺悬浮剂30～50克、50%烯啶虫胺可溶性粒剂15～20克、25%噻虫嗪水分散粒剂15～25克、30%醚菊酯悬浮剂30～50克、20%噻虫胺悬浮剂30～50克、25%吡蚜·噻虫啉悬浮剂30～50克、25%吡蚜·醚菊酯悬浮剂30～50克	稻飞虱低龄若虫高峰期

（续）

防治对象	推荐农药	防治适期
稻瘟病	生物农药：6％春雷霉素可湿性粉剂 30～40 克、1 000 亿芽孢/克枯草芽孢杆菌可湿性粉剂 15～30 克。 化学农药：75％三环唑可湿性粉剂 30～50 克、40％稻瘟灵乳油 100～150 克、30％稻瘟酰胺悬浮剂 60～80 克、25％嘧菌酯悬浮剂 50～70 克、9％吡唑醚菌酯微囊悬浮剂 50～80 克、33％稻瘟灵·已唑醇悬浮剂 80～100 克、22％春雷·三环唑悬浮剂 50～70 克、23％嘧菌酯·噻霉酮悬浮剂 60～100 克	防苗瘟、叶瘟在发病初期施药，防穗瘟在水稻破口抽穗初期施药，重发田块在齐穗期再施药一次
纹枯病	生物农药：1％申嗪霉素悬浮剂 50～70 毫升、20％井冈霉素可溶粉剂 50～70 克、4％嘧啶核苷类抗菌素水剂 250～300 克、20％井冈·蜡芽菌悬浮剂 100～120 克。 化学农药：30％氟环唑悬浮剂 20～30 克、240 克/升噻呋酰胺悬浮剂 15～25 克、10％已唑醇悬浮剂 45～50 克、25％丙环唑乳油 20～40 克、300 克/升苯甲·丙环唑乳油 15～20 克、325 克/升苯甲·嘧菌酯悬浮剂 30～50 克	发病初期施一次药，重发田块隔 10～15 天再施一次药
稻曲病	生物农药：1％申嗪霉素悬浮剂 50～70 毫升、6％井冈·嘧苷素水剂 200～250 克、37％井冈·蜡芽菌可湿性粉剂 50～65 克。 化学农药：430 克/升戊唑醇悬浮剂 15～20 克、240 克/升噻呋酰胺悬浮剂 15～25 克、300 克/升苯甲·丙环唑乳油 15～20 克、75％肟菌·戊唑醇水分散粒剂 10～15 克、45％噻呋·戊唑醇悬浮剂 20～30 克	在水稻破口前 10 天左右（稻肚发白或剑叶叶枕与倒二叶叶枕齐平的植株比例达到 10％～15％）用药，间隔 7～10 天再施药一次
细菌性条斑病	化学农药：20％噻唑锌悬浮剂 75～125 克、20％噻菌铜悬浮剂 100～150 克、20％噻森铜悬浮剂 100～150 克、50％氯溴异氰尿酸可溶性粉剂 50～60 克、20％叶枯唑可湿性粉剂 100～200 克	发病初期施药一次；发病严重田块隔 7～10 天再施药一次

（续）

防治对象	推荐农药	防治适期
矮缩病	生物农药：8%宁南霉素水剂 50～100 克、1%香菇多糖水剂 100～120 克、0.06%甾烯醇微乳剂 30～60 克。 化学农药：30%毒氟磷可湿性粉剂 45～75 克、22%低聚·吡蚜酮悬浮剂 30～50 克	秧苗 2 叶 1 心期、移栽前 2～3 天、移栽后 7～10 天各施药一次，施药时与防治水稻稻飞虱药剂混合使用

备注：二化螟偏重发生、重发生或抗药性高的地方要采取混配组合用药、轮换用药和交替用药，根据当地抗药性情况适当加大用药量，一种药剂在一季水稻上最多使用一次，可喷施"送嫁药"减轻大田分蘖期二化螟的发生，用水量要足（30～45 千克/亩）；吡虫啉仅限用于防治水稻白背飞虱；苏云金杆菌限用于防治水稻二化螟、稻纵卷叶螟，在卵孵化高峰期前 2～3 天施药；苦参碱防治稻飞虱以预防为主，在低龄若虫高峰期前 2～3 天施药。

4. 长江中下游粳稻生产中主要病虫害有哪些？在什么时期发生？

长江中下游粳稻生产中主要病虫害前期以恶苗病、灰飞虱及灰飞虱传播的水稻条纹叶枯病为主；中期以稻纵卷叶螟、二化螟、大螟为主；后期以稻纵卷叶螟、褐飞虱、稻曲病为主。稻瘟病整个生育期均可能发生，以穗期危害最大；白叶枯病自苗期到成株期均可能发生；纹枯病自苗期到穗期均可能发生。

5. 长江中下游粳稻各生育期主要病虫害有哪些？防治药剂有哪些？

(1) 秧田期

绵腐、立枯病：敌磺钠、阿维菌素、恶霉灵、甲霜灵、甲霜恶霉灵。

白叶枯、细条病：络氨铜、叶枯唑、氯溴异氰尿酸。

灰飞虱：噻虫嗪、吡虫啉、吡蚜酮。

稻蓟马：吡虫啉。

稻瘿蚊：丁硫克百威。

(2) 分蘖期

稻瘟病：三环唑、稻瘟灵、咪鲜胺。

纹枯病：井冈霉素、三唑酮、噻呋酰胺、己唑醇、嘧菌酯。

螟虫：乙基多杀菌素·甲氧虫酰肼、阿维菌素、甲维盐、氯吡硫磷。

稻纵卷叶螟：氯虫苯甲酰胺、甲维·茚虫威、甲氧·茚虫威。

稻飞虱：吡虫啉、噻嗪酮、异丙威。

胡麻斑病：稻瘟灵、20%氟硅唑咪鲜胺。

(3) 抽穗期

稻瘟病：三环唑、氟硅唑、硫黄、阿维菌素、稻瘟灵、咪鲜胺。

纹枯病：井冈霉素、三唑酮、己唑醇、嘧菌酯。

螟虫：乙基多杀菌素·甲氧虫酰肼、阿维菌素、甲维盐。

稻纵卷叶螟：氯虫苯甲酰胺、甲维·茚虫威、甲氧·茚虫威。

稻飞虱：呋虫胺、三氟苯嘧啶、烯啶·吡蚜酮。

稻曲病：井冈霉素、三唑酮。

白叶枯、细条病：络氨铜。

稻秆腐病：稻瘟灵、咪鲜胺。

6. 水稻恶苗病主要特征、发病原因、防治方法是什么？

水稻恶苗病又称徒长病，中国各稻区均有发生。

(1) 主要特征

病谷粒播后常不发芽或不能出土。苗期发病病苗比健苗细高，叶片、叶鞘细长，叶色淡黄，根系发育不良，部分病苗在移栽前死亡。在枯死苗上有淡红或白色霉粉状物，即病原菌的分生孢子。湿度大时，枯死病株表面长满淡褐色或白色粉霉状物，后期生黑色小点即病菌囊壳。病轻的植株提早抽穗，穗型小而不实。抽穗期谷粒也可受害；严重的会变褐，不能结实，颖壳夹缝处生淡红色霉；病轻则不表现症状，但内部已有菌丝潜伏。

(2) 发病原因

带菌种子和病稻草是水稻恶苗病发生的初侵染源。浸种时带菌种子上的分生孢子污染无病种子而传染。严重的会引起苗枯，死苗上产生分生孢子，传播到健苗，引起再侵染。带菌稻秧定植后，菌丝体遇适宜条件可扩展到整株，刺激茎叶徒长。花期病菌传播到花器上，侵入颖片和胚乳内，造成秕谷或畸形，在颖片合缝处产生淡红色粉霉。病菌侵入晚时，谷粒虽不显症状，但菌丝已侵入内部使种子带菌。脱粒时与病种子混收，也会使健康种子带菌。土温30~35℃时易发病。伤口有利于病菌侵入。旱育秧较水育秧发病重。增施氮肥刺激病害发展。施用未腐熟有机肥发病重。一般籼稻较粳稻发病重，糯稻发病轻。晚播发病重于早稻。

(3) 防治方法

①建立无病留种田。选栽抗病品种，避免种植感病品种。

②加强栽培管理。催芽不宜过长，拔秧要尽可能避免损根。做到"五不插"：不插隔夜秧，不插老龄秧，不插深泥秧，不插烈日秧，不插冷水浸的秧。

③清除病残体。及时拔除病株并销毁，病稻草收获后作燃料或沤制堆肥。

④种子处理。用1‰石灰水澄清液浸种，15～20℃时浸3天，25℃浸2天，水层要高出种子10～15厘米，避免直射光。或用2％甲醛浸闷种3小时，气温高于20℃时用闷种法，低于20℃时用浸种法。或用40％拌种双可湿性粉剂100克或50％多菌灵可湿性粉剂150～200克，加少量水溶解后拌稻种50千克。或用50％甲基硫菌灵可湿性粉剂1 000倍液浸种2～3天，每天翻种子2～3次。或用35％恶霉灵胶悬剂200～250倍液浸种，种子量与药液比为1：（1.5～2），温度16～18℃，浸种3～5天，早晚各搅拌一次，浸种后带药直播或催芽。或用20％稻瘟酯可湿性粉剂200～400倍液浸种24小时。或用25％咪鲜胺乳油3 000倍液浸种72小时。也可用80％三氯异氰尿酸300倍液浸种，早稻浸24小时，晚稻浸12小时，再用清水浸种，防效98％。必要时也可喷洒95％恶霉灵精品4 000倍液。

7. 水稻稻曲病主要特征、发病原因、防治方法是什么？

水稻稻曲病又名伪黑穗病、绿黑穗病、谷花病及青粉病。

(1) 主要特征

该病只发生于穗部，危害部分谷粒。受害谷粒内形成菌丝块，渐膨大，内外颖裂开，露出淡黄色块状物，即孢子座，后包于内外颖两侧，呈黑绿色，初外包一层薄膜，后破裂，散生墨绿色粉末，即病菌的厚垣孢子，有的两侧生黑色扁平菌核，风吹雨打易脱落。长江流域及南方各省稻区时有发生。

（2）发病原因

该病由真菌引起，病菌以落入土中菌核或附于种子上的厚垣孢子越冬。翌年菌核萌发产生厚垣孢子，由厚垣孢子再生小孢子及子囊孢子进行初侵染。气温24～32℃病菌发育良好，26～28℃最适，低于12℃或高于36℃时不能生长。关于稻曲病侵染的时期，有的学者认为在水稻孕穗至开花期侵染为主，有的认为厚垣孢子萌发侵入幼芽，随植株生长侵入花器危害，造成谷粒发病形成稻曲。抽穗扬花期遇雨及低温则发病重。抽穗早的品种发病较轻。施氮过量或穗肥过重加重病害发生。连作地块发病重。

（3）防治方法

①选用抗病品种。如南方稻区的广二104，汕优36，扬稻3号，滇粳40等。北方稻区沈农514，丰锦，辽粳10号等发病轻。

②避免病田留种，深耕翻埋菌核。发病时摘除并销毁病粒。

③种子处理。用氟硅唑咪鲜胺加嘧啶核苷类抗菌素、抗霉菌素120，或用2%甲醛或0.5%硫酸铜浸种3～5小时。

④农药防治。水稻抽穗前每亩用18%多菌酮粉剂150～200克或于水稻孕穗末期用14%络氨铜水剂250克、稻丰灵（井冈霉素·杀虫双）200克或5%井冈霉素水剂100克，兑水50升喷洒。用50%DT（琥胶肥酸铜）可湿性粉剂100～150克兑水60～75升。用40%禾枯灵（多菌灵·三唑酮）可湿性粉剂，每亩用药60～75克。以水稻抽穗前10天左右为宜（即剑叶与倒二叶"叶枕平"期）。每亩用12.5%纹霉清（井冈霉素·蜡质芽孢杆菌）水剂400～500毫升；或5%井冈霉素水剂400～500毫升，兑水37.5升喷雾。杀菌农药可减至每亩300毫升，兑水喷雾。

8. 水稻条纹叶枯病主要特征、发病原因、防治方法是什么？

（1）主要特征

①苗期发病。心叶基部出现褪绿黄白斑，后扩展成与叶脉平行的黄色条纹，条纹间仍保持绿色。不同品种表现不一，糯、粳稻和高秆籼稻心叶黄白、柔软、卷曲下垂、呈枯心状。矮秆籼稻不呈枯心状，出现黄绿相间条纹，分蘖减少，病株提早枯死。病毒病引起的枯心苗与三化螟危害造成的枯心苗相似，但无蛀孔，无虫粪，不易拔起，别于蝼蛄危害造成的枯心苗。

②分蘖期发病。先在心叶下一叶基部出现褪绿黄斑，后扩展形成不规则黄白色条斑，老叶不显病。籼稻品种不枯心，糯稻品种半数表现枯心。病株常枯孕穗或穗小畸形不实。

③拔节后发病。在剑叶下部出现黄绿色条纹，各类型稻均不枯心，但抽穗畸形，所以结实很少。

（2）发病原因

水稻条纹叶枯病是由灰飞虱为媒介传播的病毒病，俗称水稻上的癌症。

（3）防治方法

①调整稻田耕作制度和作物布局。成片种植，防止灰飞虱在不同季节、不同熟期和早、晚季作物间迁移传病。忌种插花田，秧田不要与麦田相间。

②种植抗（耐）病品种。因地制宜选用中国 91、徐稻 2 号、宿辐 2 号、盐粳 20、铁桂丰等。

③调整播期。移栽期避开灰飞虱迁飞期。收割麦子和早稻要背向秧田和大田稻苗，减少灰飞虱迁飞。加强管理，促进分蘖。

④治虫防病。抓好灰飞虱防治，结合小麦穗期蚜虫防治开展灰飞虱防治，清除田边、地头、沟旁杂草，减少初始传播媒介。

9. 水稻稻瘟病主要特征、发病原因、防治方法是什么？

稻瘟病又名稻热病，俗称火烧瘟、吊头瘟、掐颈瘟等。稻瘟病可引起大幅度减产，严重时减产 40%～50%，甚至颗粒无收，是世界性的重要稻病，在我国它同纹枯病、白叶枯病被列为水稻三大病害。

（1）主要特征

主要危害叶片、茎秆、穗部。因危害时期、部位不同分为苗瘟、叶瘟、节瘟、穗颈瘟、谷粒瘟。在整个生育期都能发生，分蘖至拔节期危害较重。

①苗瘟。发生于三叶前，由种子带菌所致。病苗基部灰黑，上部变褐，卷缩而死，湿度较大时病部产生大量灰黑色霉层。

②叶瘟。分蘖至拔节期危害较重。慢性型病斑，刚开始在叶上产生暗绿色小斑，逐渐扩大为梭形斑，常有延伸的褐色坏死线。病斑中央灰白色，边缘褐色，外有淡黄色晕圈。潮湿时叶背有灰色霉层，病斑较多时连片形成不规则大斑。

③节瘟。常在抽穗后发生，初在稻节上产生褐色小点，后渐绕节扩展，使病部变黑，易折断。

④穗颈瘟。初形成褐色小点，发展后使穗颈部变褐，也造成枯白穗。

⑤谷粒瘟。产生褐色椭圆形或不规则斑，可使稻谷变黑。有的颖壳无症状，护颖受害变褐，使种子带菌。

由于气候条件和品种抗病性不同，病斑分为 4 种类型。

①急性型病斑。在叶片上形成暗绿色近圆形或椭圆形病斑，在叶两面都产生褐色霉层。

②慢性型病斑。中央灰白色，边缘褐色，外有淡黄色晕圈，叶背有灰色霉层，病斑多时连片形成不规则大斑。

③白点型病斑。嫩叶发病后产生白色近圆形小斑，不产生孢子。

④褐点型病斑。多在老叶上产生针尖大小的褐点，只产生于叶脉间，产生少量孢子。

（2）发病原因

该病由稻梨孢菌（*Pyricularia oryzae*）引起。在自然条件下，该菌只侵染水稻。病菌主要以分生孢子和菌丝体在稻草和稻谷上越冬。翌年产生分生孢子借风雨传播到稻株上，萌发侵入寄主向邻近细胞扩展发病，形成中心病株。病部形成的分生孢子借风雨传播，进行再侵染。播种带菌种子可引起苗瘟。菌丝生长温限为 8～37℃，最适温度为 26～28℃。孢子形成温限为 10～35℃，以 25～28℃，相对湿度 90％以上最适。孢子萌发需有水存在并持续 6～8 小时。适温高湿，有雨、雾、露存在条件下有利于发病。适宜温度才能形成附着胞并产生侵入丝穿透稻株表皮，在细胞间蔓延摄取养分。阴雨连绵，日照不足或时晴时雨，或早晚有云雾，或结露条件，病情扩展迅速。同一品种在不同生育期抗性表现也不同，秧苗 4 叶期、分蘖期和抽穗期易感病，圆秆期发病轻，同一器官或组织在幼嫩期发病重。穗期以始穗时抗病性弱。放水早或长期深灌，根系发育差，抗病力弱，发病重。光照不足，田间湿度大，有利分生孢子的形成、萌发和侵入。山区雾大露重，光照不足，稻瘟病的发生危害比平原严重。偏施、迟施氮肥，不合理的稻田灌溉，均会降低水稻抗病能力。

（3）防治方法

①因地制宜选用 2～3 个适合当地抗病品种。

②无病田留种，处理病稻草，消灭菌源。使用土壤消毒剂处理土壤。

③加强肥水管理。科学管理肥水既可改善环境条件，控制病菌的繁殖和侵染，又可促使水稻健壮生长，提高抗病性，从而获

得高产、稳产。注意氮、磷、钾配合施用，基肥、有机肥和化肥配合施用，适当施用含硅酸的肥料（如草木灰、矿渣、窑灰钾肥等），做到施足钾肥，早施追肥，中期看苗、看田、看天巧用施肥技术。硅、镁肥混施可促进硅酸的吸收，能较大幅度地降低发病率。绿肥埋青量要适当，适量施用石灰可促进其腐烂，中和酸性。冷浸田应注意增施磷肥。

　　④药物防治。咪鲜胺防治叶瘟时期在 7 月上中旬，叶瘟发生初期用药。预防穗颈瘟在水稻始穗期、齐穗期各喷一次，预防效果明显。

　　⑤收获时对病田的病谷、病稻草应分别堆放，尽早处理室外堆放的病稻草，春播前应处理完毕。不要用病草催芽、捆秧把。

　　⑥种子处理。用20％三环唑 1 000 倍液浸种 24 小时，并妥善处理病秆，尽量减少初侵染源。

10. 水稻纹枯病主要特征、发病原因、防治方法是什么？

（1）主要特征

　　纹枯病俗称花脚杆，是水稻三大病害之一。苗期至穗期都可发病。叶鞘染病为在近水面处产生暗绿色水浸状边缘的模糊小斑，后渐扩大呈椭圆形或云纹形，中部呈灰绿或灰褐色，湿度低时中部呈淡黄或灰白色，中部组织破坏呈半透明状，边缘暗褐。发病严重时数个病斑融合形成大病斑，呈不规则状云纹斑，常致叶片发黄枯死。叶片染病病斑也呈云纹状，边缘褪黄，发病快时病斑呈污绿色，叶片很快腐烂。茎秆受害症状似叶片，后期呈黄褐色。穗颈部受害初为污绿色，后变灰褐，常不能抽穗，抽穗的秕谷较多，千粒重下降。病斑中部呈灰白色，边缘呈暗褐色，经常几个病斑相互连合成云纹状大斑块。在阴雨多湿的情况下，病部长出白色或灰白色的蛛丝状菌丝体，以后逐渐形成白绒状菌块，最后变成褐色坚硬菌核。

（2）发病原因

①水稻直播面积激增。

②防治工作不到位。农户对水稻病虫害的防治过于注重虫害，对病害预防方面重视度不够。

③防治药剂选择不合理。很多防治药剂的来源不够安全，药效不明显，持效期短，或药剂种类选用不适合，没有针对性，导致纹枯病难以控制的局面发生。

④喷药量不能够科学定量。药量过少，起不到应有的药效作用；喷浇时间不合理，不注重前期喷洒施药，即便后期用药，药剂对纹枯病的控制效果也不会明显。

⑤水肥管理不当和灌溉技术不科学。为了省时省力，采用深灌、大水流灌溉方式，灌溉不够彻底。田间水量不均匀，施肥量不达标都会导致纹枯病的发生。

（3）防治方法

①清除菌源。打捞"浪渣"，铲除田边杂草，不用病稻草还田。

②农业防治。加强水稻栽培管理，合理施肥。结合测土配方施肥，根据土壤肥力和水稻品种特性合理施肥，增强稻株抗病力。在施肥上要注意氮、磷、钾三要素的配合，农家肥与化肥、长效肥与速效肥的配合，切忌偏施氮肥和中、后期大量施用氮肥，以防稻苗徒长和提早封行。科学灌水，改变长期深灌的做法，实行浅水勤灌。分蘖后期要适时搁田，以降低株间湿度，控制无效分蘖、过早封行，促进稻株生长健壮。

③药物防治。狠抓药剂防治，以药控病采取"前压、中控、后保重点"的药剂防治策略。分蘖到拔节期控制病害水平扩展，孕穗到抽穗期控制病害垂直扩展，抽穗灌浆期保护功能叶不受侵害。水稻分蘖盛期纹枯病发病率达15％时应用药防治，尽量适期早用药，以提高对纹枯病的防治效果。

11. 水稻胡麻叶斑病主要特征、发病原因、防治方法是什么？

（1）主要特征

水稻胡麻叶斑病在水稻整个生育期皆可发生，并侵染稻株地上各部位。水稻苗期和孕穗至抽穗期最易感病。秧苗染病则在叶片上呈现芝麻粒状的暗褐色斑点，斑点密生时可致苗叶枯死。成株叶片染病病斑亦为芝麻粒状、暗褐色，斑外围有黄色晕圈，病、健部位分界清晰。病斑的大小和形状常因水稻品种、气候、植株营养情况和病原菌菌系不同而有差异。穗颈、枝梗及谷粒染病部分多呈暗褐色病变，同穗颈瘟和谷粒瘟不易明确区分。

（2）发病原因

不同水稻品种间存在抗病差异，粳稻、糯稻比籼稻易感病，迟熟品种比早熟品种发病重。单个品种而言，一般苗期最易感病，分蘖期抗性增强，分蘖末期抗性又减弱，这与水稻在不同时期对氮素的吸收能力有关。一般发病重的地块类型为缺肥或贫瘠的地块；缺钾肥、土壤为酸性或沙质土壤的地块；漏肥漏水严重的地块；缺水或长期积水的地块。深翻耕有减轻发病的趋势。另外，水稻条纹叶枯病的发生对水稻胡麻叶斑病也有诱发作用。水稻品种抗性差；偏施氮肥，磷、钾肥不足，施肥结构不合理；缺水干旱、本田保水保肥能力差；秧苗素质低；晾田太少；光照不足等气候原因均可引起发病。

（3）防治措施

①选用抗病品种。不同水稻品种对胡麻叶斑病的抗性有明显差异，因此生产中要注意鉴别和选用抗病品种。

②做好种子消毒。用50%多菌灵、50%甲基硫菌灵或50%福美双500倍液浸稻种48小时。

③精心培育壮秧。精细做床，秧田增施有机肥，用壮秧剂调酸；播种前对种子进行晾晒，精心、适量播种；抓好秧田管理，合理追肥，培育水稻壮秧。健壮的秧苗插后返青快，生长旺盛，对不良环境抵抗力强，能有效避免胡麻叶斑病的发生。

④适时深耕，改良土壤。深耕是改良土壤的重要手段之一，它能疏松土壤，改善耕作层的物理性状，有利于稻株根系发育，增强其吸水吸肥的能力，提高抗病性。沙质土应增施有机肥，用腐熟堆肥作基肥。酸性土壤要注意排水，并使用碳酸氢铵或石灰作底肥，以促进有机物质的正常分解，改变土壤酸度。

⑤科学水肥管理。进行氮、磷、钾、中微量元素配方施肥，氮肥应"前重、中补、后巧"，增施磷、钾肥。要科学灌水，薄水插秧，浅水分蘖，够苗晾田，孕穗打苞期小水勤灌，齐穗后干湿交替直至成熟，后期早断水，以保活秆成熟。

⑥合理施药。喷施三唑类药剂，如30%苯甲·丙环唑乳油3 000倍液，或25%咪鲜胺乳油3 000～4 000倍液喷雾，或25%丙环唑乳油1 500倍液，或10%乙唑醇乳油1 500倍液，或43%戊唑醇2 000倍液等。

12. 水稻白叶枯和细菌性条斑病主要特征、发病原因、防治方法是什么？

(1) 主要特征

白叶枯病：病株叶尖及边缘初生黄绿色斑点，后沿叶脉发展成苍白色、黄褐色长条斑，最后变灰白色而枯死。病株易倒伏，稻穗不实率增加。病菌在种子和有病稻草上越冬传播。分蘖期病害开始发展。高温多湿、暴风雨、稻田受涝及氮肥过多时有利于病害流行。

细菌性条斑病：主要危害叶片，病斑初为暗绿色水渍状小斑，很快在叶脉间扩展为暗绿至黄褐色的细条斑，大小约1毫米×10 毫米，病斑两端呈浸润型绿色。病斑上常溢出大量串珠状黄色菌脓，干后呈胶状小粒。细条斑上则常布满小珠状细菌液。发病严重时条斑融合成不规则黄褐至枯白色大斑，与白叶枯类似，但对光看可见许多半透明条斑，病情严重时叶片卷曲，田间呈现一片黄白色。

（2）发病原因

白叶枯病：细菌在种子内越冬，播后由叶片水孔、伤口侵入形成中心病株，病株上分泌带菌的黄色小球，借风雨、露水、昆虫、人为等因素传播。高温高湿、多露、台风、暴雨是病害流行条件，稻区长期积水、氮肥过多、生长过旺、土壤酸性有利于病害发生。一般中稻发病重，籼稻重于粳稻。矮秆阔叶品种重于高秆窄叶品种，不耐肥品种重于耐肥品种。水稻在幼穗分化期和孕穗期易感病。

细菌性条斑病：病菌主要由稻种、稻草和自生稻带菌传染，称为初侵染源。主要从伤口侵入，菌脓可借风、雨、露等传播后进行再侵染。高温高湿有利于病害发生，台风暴雨造成伤口时，病害容易流行。偏施氮肥、灌水过深加重发病。

（3）防治方法

①无病区的防治策略：做到加强检疫、不引进带菌的种子。

②有病区的防治策略：在控制菌源的前提下，以抗性为基础，秧苗为关键，狠抓水肥管理，辅以药剂防治。选用适合当地栽培的抗病品种。加强植物检疫，不从病区引种。

13. 稻粒黑粉病主要特征、发病原因、防治方法是什么？

（1）主要特征

主要危害谷粒。谷粒被侵染后，起初症状不明显，与正常谷粒无异，到发病中、后期表现出症状，症状有 3 种类型：①谷粒色泽正常，颖间自然开裂，露出黑色粒状物，手压质轻，如遇阴雨湿度大，病粒破裂，散出黑色粉状的厚垣孢子；②谷粒色泽正常，外颖背线近护颖处开裂，现出红色或白色舌状物，颖壳黏附黑色粉末；③谷粒色泽暗绿色，外观似青秕粒，不开裂，手捏有松软感，浸泡清水中变黑色。

（2）发病原因

①菌源在连续制种 3 年以上的田块发病较重，且制种时间越长，病害越重，这主要与土壤中积累大量病菌有关。此外，病种子也是重要的侵染源，病种子带菌率越高，病害发生也就越重。

②寄主抗性病菌从水稻抽穗到乳熟期均危害，但盛花期是主要侵染时期，病菌侵入后，10 天后病粒出现黑粉症状。粳稻和糯稻发病最轻，籼稻和杂交稻发病也轻，杂交稻制种田发病最重。

③环境气候因素中以湿度最重要。如果出现连续的阴雨天气，有利于孢子萌发侵入，有利于病害发生。抽穗扬花期天气干旱、晴日发病较轻。

④栽培病菌厚垣孢子在土壤中可积累，多年制种田菌源多，发病重，轮作田发病轻。氮肥追施过迟，施用量偏大，氮、磷、钾比例失调，茎秆柔嫩，群体抗性差，无效分蘖多，通风透光不良，栽培密度过大，不及时烤田等发病较重。

（3）防治方法

①检疫。严禁从病区引种，检查可疑种子。

②农业防治。a. 选用抗病品种。b. 实行水旱轮作可减少土壤病菌积累。c. 冬季制种田翻土晒田，可以杀死土壤中的越冬孢子，减少侵染菌源。d. 先用重力式精选机选种，可去除 95% 以上的黑粉病粒。再用 7% 的盐水选种，可将病粒全部清除。e. 应注意氮、磷、钾三要素的合理搭配，多施有机肥和磷、钾肥。施肥要早，适时晒田，后期干湿交替，控制田间湿度。f. 在秋季制种地区，对易发病的不育系，尽量不要安排秋种。g. 搞

好花期预测，抽穗扬花期要选择晴日多、湿度小的季节，避开阴雨、湿度大的不利天气，以控制病害发生。

③药剂防治。a. 选种后，用 50％多菌灵可湿性粉剂 800 倍液浸种 12 小时，或 2％甲醛液浸种 3 小时等。b. 在生产田始花期、盛花期和灌浆期各用药剂防治一次。

14. 稻蓟马危害症状、生活习性、防治方法是什么？

（1）危害症状

稻蓟马以成、若虫挫伤稻叶表皮，吸食水稻汁液，被害的稻叶失水卷曲，稻苗落黄，稻叶上有星星点点的白斑，心叶萎缩、尖枯，在受害叶中常可见大量的蓟马活动，严重时会造成全叶失绿甚至整片稻苗叶片失绿、枯卷；在穗期，成、若虫趋向穗苞；扬花时转入颖壳内，危害子房，造成空秕粒。

（2）生活习性

蓟马喜阴湿，常躲在纵卷的叶尖或新叶内危害，阴天爬至叶面活动；成虫有趋嫩绿禾苗产卵习性；其生殖方式有两性生殖和孤雌生殖，但以孤雌生殖为主；若虫有群集性，特别是初孵若虫，先群集在新叶叶腋处取食危害，随后才分散危害。

（3）防治方法

目前防治蓟马仍以药剂为主，以掌握苗情、虫情为基础，主攻若虫，在盛孵期施药。可药剂拌种、秧畦施药、药剂喷砂秧田和本田等。

农业防治：

①减少越冬虫源。结合冬季积肥，清除稻田内外杂草，减少越冬虫源和早春繁殖的中间寄主，阻止稻蓟马转移危害。

②合理布局各种水稻品种。提倡同种水稻连片种植，确保水稻生长一致，尽量减少混栽，恶化稻蓟马的取食条件。

③科学管理早插秧。培育壮秧，并进行科学的水肥管理，控

制无效分蘖，增强水稻抗逆耐害能力。

药剂防治：重点防治秧苗田和分蘖期稻田。当秧田秧苗卷叶率达10%～15%，本田卷株率20%～30%时，应及时进行药剂防治，在选用药剂时，最好选用长效农药。防治稻蓟马后要补施速效肥，促使秧苗和分蘖恢复生长。

15. 三化螟危害症状、生活习性、防治方法是什么？

（1）危害症状

以幼虫咬孔蛀入稻茎后取食，在分蘖期取食幼嫩而呈白色的组织，将心叶咬断，使心叶纵卷而逐渐凋萎枯黄。在穗期取食稻茎内壁组织，咬断维管束，致使水分和养料不能向上输送。侵入后5天左右形成白穗，侵入后8天大量出现白穗。在水稻不同生育期，被害植株可形成枯心、枯鞘、虫伤株、枯孕穗和白穗。

（2）生活习性

三化螟属于钻蛀类害虫，属鳞翅目螟蛾科。有较强的趋光性，对黑光灯更为敏感；卵多产在叶片上，产卵有明显的选择性，幼虫淡黄绿色。

（3）防治方法

防治应以农业防治为主，药剂防治为辅，预防、趋避、治理相结合。提倡齐泥割稻，铲除田边、沟边杂草，对于绿肥田和油菜田，尽可能早灌水耕犁，将虫杀死。每公顷可用25%杀虫双粉剂15.0～22.5千克拌细土撒施，或用25%杀虫双水剂3.75千克兑水900千克喷雾。

16. 二化螟危害症状、生活习性、防治方法是什么？

（1）危害症状

二化螟孵出后大部分沿稻叶向下爬行或吐丝下垂，从心叶、叶鞘缝隙或叶鞘外蛀孔侵入，先群集在叶鞘内取食内壁组织，在秧苗小时则小股分散危害，受害叶鞘 2～3 天后变色，7～10 天后枯黄。叶鞘枯死后，叶片亦随之枯萎，发生倒叶，漂浮在水面上。幼虫发育到 2 龄后，开始蛀食稻茎，再形成枯心、枯孕穗、白穗和虫伤株。

（2）生活习性

二化螟属鳞翅目螟蛾科；是钻蛀类害虫，其卵初产时均为乳白色，后渐为其他颜色，近孵化时几乎变为黑色。飞行力强，趋光性强，对黑光灯更为敏感；白天静伏在稻丛和杂草中，夜晚活动；雌蛾喜在叶色浓绿及粗壮高大的稻株上产卵。幼虫老熟后，在茎秆内或叶鞘内侧化蛹，越冬幼虫在稻株、稻草、夏熟作物的茎秆内化蛹。二化螟以 4～6 龄幼虫越冬，除主要在稻株和稻草中越冬外，也在茭白遗株、三棱草及杂草中越冬。

（3）防治方法

防治 1 代以早栽大田和中稻秧田为主，防治 1 次应在螟卵孵化高峰后 5～6 天施药；大发生年份防治 2 次，第 1 次在卵孵化高峰前 1～2 天，隔 6～7 天在卵孵化高峰后 5 天再喷第 2 次药。

17. 稻纵卷叶螟危害症状、生活习性、防治方法是什么？

（1）危害症状

稻纵卷叶螟又叫裹叶虫，在 7 月下旬—8 月上旬危害最为严重。初孵幼虫一般先爬入水稻心叶或附近的叶鞘内，也有钻入旧虫苞内啮食叶肉，形成白条斑，受害严重时稻叶一片枯白；2 龄开始在叶尖吐丝纵卷成小虫苞；3 龄后开始转苞危害；4、5 龄食量猛增，其食叶量占幼虫总食量的 94%。

（2）生活习性

稻纵卷叶螟属鳞翅目螟蛾科，属于食叶类害虫。飞行能力强，有趋光性，尤其对金属卤素灯趋性最强，并喜食植物的花蜜和蚜虫的蜜露作为营养液。成虫昼伏夜出，白天多隐蔽在植株中，一遇惊动，就会短距离飞行。喜欢在嫩绿的圆秆拔节期和幼穗分化期的稻田产卵。

（3）防治方法

在幼虫盛孵期施药效果最好，一般年份防治第 3 代在 6 月 20 日左右。可用杀虫双（兼治钻心虫）、杀虫单集中连片统一防治。

18. 稻飞虱危害症状、生活习性、防治方法是什么？

（1）危害症状

稻飞虱俗称"蜢子"。稻田发生的主要是白背飞虱及褐飞虱，分别主要危害水稻早期（分蘖至拔节期）和中晚期，灰飞虱对水稻的危害相对较小。稻飞虱是群体性的虫害，体形较大，破坏范围也较大，在稻田中间稻株下部的叶鞘和茎的组织内刺吸稻茎的汁液，稻苗被害部分出现褐斑，严重时稻株基部变为黑褐色，逐渐全株枯死，受害田常"黄塘"，全田枯黄，形如火烧。由于茎组织被破坏，养分不能上升，稻株逐渐凋萎而枯死或者倒伏。水稻抽穗后的下部稻茎衰老，稻飞虱转移上部吸嫩穗颈，使稻粒变成空壳或半饱粒，同时灰飞虱能传播水稻病毒病。

（2）生活习性

一年生 12～13 代，世代重叠，常年繁殖，无越冬现象。水稻生长期间各世代平均寿命 10～18 天，田间增殖倍数每代 10～40 倍。每年约有 5 次大的迁飞行动，飞行高度 1 500～2 000 米，生长发育适温为 20～30℃。稻飞虱产卵会刺伤植株，破坏输导组织，妨碍营养物质运输并传播病毒病。成虫和若虫群集在稻株中下部，用刺吸式口器刺进稻株组织吸食汁液。由于稻株密集、稻叶掩盖，初期危害症状不为人们所注意。当稻株受害严重时，叶片枯黄、稻株成团倒伏、呈火烧状时，才明显地显示受害症状，但已造成不可挽回的损失。该害虫的危害具有隐蔽性、暴发性和毁灭性的特点。

(3) 防治方法

①农业防治。挑选抗虫高产的水稻品种，加强田间管理，合理科学施用氮、磷、钾肥，重施基肥、早施追肥，实行科学的水肥管理，防止禾苗贪青徒长。

②生物防治。稻田养蛙、鸭，保护利用稻田蜘蛛、黑肩绿盲蝽等自然天敌，同时利用频振式杀虫灯诱杀，能有效控制稻飞虱的种群数量。

③化学防治。坚持使用高效、安全对口农药。要抓准在低龄（1、2龄）若虫盛发期用药防治。因稻飞虱多集中在稻丛基部危害，应注意尽量对准基部喷药；喷药时田间应保持一定水层。

19. 稻田杂草有哪些主要种类？哪些属于恶性杂草？其危害怎么样？

稻田杂草主要可分为禾本科杂草、莎草以及阔叶杂草三类，其中禾本科杂草对水稻危害最重。稻田杂草种类繁多，发生较普遍的约有 20 多种，分别是稗、千金子、杂草稻、异型莎草、碎米莎草、耳叶水苋、眼子菜、鸭舌草、醴肠、水竹叶、丁香蓼等。这些杂草在稻田中以一种或数种同时混生组成优势群落，严重影响水稻的生长发育及产量形成。近年来的研究发现，稻田杂草群落的变化与水稻的种植年限有很大关系。

根据稻区的不同种植年限，大致分为以下几种类型：

①短期型。此类地块多为旱改水而成，水稻的种植年限在 3 年以内，杂草以野稗、莎草为主。

②中期型。水稻种植年限为 3～8 年。这种类型是以一年生

杂草为主，如稻稗、野稗、鸭舌草、异型莎草等杂草。

③长期型。水稻种植年限为 8 年以上。这种类型土壤沼泽化较重，杂草种类繁多，有一年生的稻稗、野稗、鸭舌草、异型莎草等，也有多年生宿根性的三棱草、泽泻、眼子菜、牛毛毡、金鱼藻等，这些杂草以一种或数种混生组成。

恶性杂草及危害：

①杂草稻为全球性草害，已引起联合国粮食与农业组织高度重视，我国稻区均有分布，江苏省是重灾区。杂草稻发生区平均减产 10%，重者绝产。混有杂草稻种子（红色）的稻谷，严重影响品质，价格明显下降。

②稗草属杂草广泛分布于国内外稻田，有些种类也发生在旱田作物。稗草一般造成水稻减产 10%～30%。

③水花生又名空心莲子草、空心苋等，原产南美洲，现已传播至南方多省市稻区，并从田埂蔓至田中，造成的产量损失高达63%。除危害水稻外，还危害旱田作物，影响水流，污染水源和传播多种病原菌、寄生虫。

④莎草类分布世界各地，我国稻田均有发生危害，有些种类亦危害旱田作物。受莎草危害，水稻减产达 20%以上。

⑤稻李氏禾，又名秕壳草等，20 世纪 80 年代侵入我国并传播蔓延呈上升趋势，以湖南、湖北稻田较重，江西、黑龙江省稻田也有发生，为多年生杂草，极难防治。

⑥野慈姑，全国稻区均有发生，黑龙江、吉林两省稻区已形成局部严重危害。减产幅度在 10%～40%。

⑦千金子，又名千两金，降龙草等。我国稻区普遍发生，均有危害，以江西、江苏、安徽等省危害最重。高密度田块减产40%以上。

⑧马唐为世界十大恶性杂草之一，由旱田侵入直播稻田，凡直播稻田均有大量马唐发生，与水稻形成激烈竞争，严重抑制稻苗生长，导致大幅度减产。

20. 粳稻生产中杂草防除的基本原则和技术策略是什么？

基本原则：以农业技术措施防治为主，科学使用化学药剂除草。

技术策略：以农业技术措施防治为主，采取以下几个措施。

①采用水旱轮作。从根本上改变杂草的生存环境，创造有利于作物生长而不利于杂草滋生蔓延的条件，这是最经济有效的除草措施。水田改旱地后，水绵、四叶萍等水生、湿性杂草，在1年以后大多死亡。

②消灭草籽。用盐泥水、硫酸铵、硝酸铵水选种，或采用机械选种，以剔除混杂在作物种子中的草籽；农家肥应堆沤并使其充分腐熟，这样可以将混在其中的草籽消灭；在杂草尚未成熟之前予以拔除。

③加强管理。a. 耕作除草。如在水稻移栽前，先灌浅水使田土湿润，让稗草等杂草萌发，然后反复耕耙数次，可消灭大量杂草；水稻播后15天左右，当杂草萌发量达50%～80%时进行中耕，可消灭大量杂草；秋冬季深翻，将大量草籽埋入深层土中，使其不能萌发。b. 以肥灭草。如施氨水、胡敏酸铵等，可杀死草芽，减少草害；施河泥、厩肥，既可促进作物生长，又能压死或延缓杂草萌发，以后杂草长出时，作物已长高长大，就能抑制杂草生长。c. 淹水或晒田除草。水稻秧田内稗草达2～3叶时，灌深水淹没，在淹死稗草的同时秧苗不受影响；水稻分蘖末期进行晒田，不仅可以控制无效分蘖，还能杀死水绵、刚毛藻、青萍等水生杂草。

④生物防除。放养绿萍可抑制稻田大量杂草发生；稻田养鱼，特别是养草鱼，可消灭多种杂草；放鸭吃草，或者繁养和释放豚草条纹萤叶甲以消灭豚草等。

⑤化学防除。科学、合理使用除草剂。

21. 移栽稻田杂草稻的发生特点是什么？如何正确防治？

（1）田间形态特征特性

通过长期观察、调查发现，杂草稻的田间形态特征特性如下：

①根系发达，节部生不定根，似恶苗病倒扎根症状。

②苗期叶片宽长，淡绿色；分蘖期叶片长、披垂，深绿色；拔节后叶色变淡，有明显的籼稻特征。

③株型繁茂松散，分蘖角度大，植株粗壮呈放射状，似野生稻。茎秆硬度弱，易倒伏，类似杂草。

④穗长粒多，弯穗型，小穗枝梗松散，籽粒排列稀疏，结实率较高，类似籼稻。

⑤籽粒略带红褐色，糙米（种皮）呈棕红色，米质适口性差。籽粒细长，千粒重较低，和籼稻粒型相似。

杂草稻从形态上看介于野生稻和栽培稻以及籼稻和粳稻之间，根据植物学分类，栽培粳稻品种和杂草稻的相同点在于它们都属水稻属，不同点在于栽培品种和非栽培品种之别。

（2）生长特点

①长势强，发育早，适应性强。杂草稻叶片生长快，衰老也快，抽穗早，成熟早。分蘖强、快、多，株型繁茂，根系发达，拔节后植株生长迅速，其植株明显高于常规粳稻品种，与周围稻株争空间、争肥、争水。杂草稻除了具有适应野生环境的特性以外，在特定地区经过长期的自然选择，还可获得较强的抗逆性，如耐低温、耐渍水、耐盐碱胁迫、耐旱、抗病等。

②具有落粒休眠特性。杂草稻具备了休眠性、落粒性、繁殖

系数高等杂草特性。其灌浆速度快，落粒性极强，籽粒成熟早，每穗上籽粒成熟时间不一致，且边成熟边落粒。落在田间的籽粒，可自然越冬在地下保存多年，当特殊年份环境适宜时，又能正常萌发，造成大暴发。其生育繁殖已脱离劳作控制范围，一旦发生，将危害多年。

③局部发生现象明显。不同田块或同一田块不同区域发生有轻重之分，具有不均匀性和区域性，与种子混杂产生的杂稻田间均匀分布有差异，且同批种子在不同田块发生也有轻重之分。

④生长于栽培稻穴中。移栽稻行墩间无杂草稻，说明杂草稻并不是一开始就生长在移栽稻田中的，移栽稻田的杂草稻来源于秧田中。而移栽后大田中杂草稻种子和杂草种子刚刚萌发，由于建立水层、施用除草剂控制了它们的出苗。

（3）正确防除措施

目前，稻田杂草基本以化学防除为主，但杂草稻和栽培稻的生理生化特征相似，限制了选择性化学除草剂的有效性。因此，针对杂草稻的发生规律，采取综合的防治方法才能有效控制杂草稻的蔓延和危害。

①选用高纯度种子，水稻良种繁育田要进行严格的拔杂去劣，在抽穗期拔净杂草稻穗，防止杂草稻种随水稻良种直接流向农田。

②坚持勤换、清洁秧田；推广软盘育秧机械插秧方式；利用清洁床土和栽后建立的浅水层控制杂草稻种子的危害。

③秧板田冬前耕翻，水稻收获后预留的秧板田必须进行冬前耕翻，耕翻深度在 30 厘米以上，把散落在地表的杂草稻种子埋到下层，使其不能正常出芽成苗。

④大田结合秸秆还田，改连续免耕、浅旋为深旋或间隙深耕，应用大功率机械深旋 15 厘米以上，既保证埋草质量，又使杂草稻的落地籽粒深埋土下难以萌发。

⑤育秧前浇水诱使秧田中的杂草稻萌发出苗，喷施非选择性

除草剂灭杀或用机械将其铲除。

⑥在秧田期和分蘖期如发现有杂株，可结合除草及早拔除，尽量做到"拔早、拔小、拔了"，降低杂草稻的危害。拔除时要连根拔起，带出田间。在杂草稻抽穗时，一定要拔除干净，避免杂草稻灌浆落粒，影响来年水稻生产。特别是预留秧田的地块应彻底拔除，更不应将其作为稻谷脱粒场所。

⑦严禁收获机械夹带、传播杂草稻种子。收获机械在更换作业地区和地块前应认真清理、扫刷，清除残留在机械里的稻谷，防止杂草稻随机械作业传播、扩散。

22. 移栽稻本田期杂草发生有哪些特点？主要防除技术有哪些？

移栽水稻田的特点是秧苗大，稻根能深入土壤，有较强的耐药性。位于稻田浅层土壤的杂草种子易获得氧气而萌发生长；通常这些杂草在移栽后 3～5 天开始萌发，1～2 周内达到萌发高峰。多年生杂草的根茎较深，出土高峰在移栽后 2～3 周。根据水稻移栽田各种杂草的发生特点，对水稻大田杂草的化学防除策略是狠抓前期，挑治中后期。通常是在移栽前或移栽返青后采取除草剂拌土或者拌化肥处理，以及在移栽中后期采取毒土或喷雾处理。前期（移栽后 5～10 天）进行土壤封闭，重点防治前期发生的稗草等禾本科杂草；中后期则以防治一年生阔叶草和莎草科杂草为主。具体施药可以在移栽前、移栽后前期和移栽后中期 3个时期进行。

移栽前施药，可施用草铵膦、敌草快等灭生性除草剂，待杂草死亡后翻耕，降低杂草发生基数，或翻耕后水浑浊时施用噁草酮或丁草胺，土壤沉降自然落干 2～5 天后移栽水稻。此时施药比移栽后施用效果好而且安全。移栽后的前期是大量杂草种子的萌发高峰期，此时是化学防除最好的时期，而此时正值水稻返青期，因此要慎重使用除草剂，防止药害产生。一般在移栽后5～10天施除草剂，农户常常采用药土撒施，还能与追肥结合，掺拌化肥撒施，也可采用喷雾处理，可以选用五氟磺草胺·灭草松、丁草胺·五氟磺草胺等除草剂。在移栽后早期可施用苄嘧磺隆·丙草胺、吡嘧磺隆·丙草胺和吡嘧磺隆·苯噻酰草胺等进行土壤封闭，将除草剂施均匀，形成一层严密的封闭层，禁止人为破坏药土层。使用不同除草剂管理方法不同，采用丙草胺等喷雾处理的除草剂，施药前排干田水，施药后1～2天复水，保持水层5～7天，禁止淹没水稻秧心；采用毒土法施用嗪吡嘧磺隆、乙氧磺隆等，田间需保持浅水层。移栽水稻田根据田间杂草实际发生情况，在水稻分蘖盛期至末期可以追施1次除草剂，防治田间残存的杂草，使用恶唑酰草胺、苯达松、敌稗、氟氯吡啶酯和氰氟草酯等进行防治。

23. 水直播稻田杂草的发生特点如何？怎样防治？

直播水稻田播种前土壤肥沃湿润，利于杂草滋生。播种后5～7天，位于土壤表层的杂草种子迅速萌发，以稗草、千金子为主；播种后10～15天萌发的主要是异型莎草、陌上菜等杂草；有些稻田会有第3次杂草发生高峰，这个时期发生的主要是阔叶杂草和多年生莎草科杂草。稗草和异型莎草通常接近出草总量的一半。直播田杂草农业防治可清除前茬作物的田间残草，降低杂草基数。播种前灌水淹田可以显著降低杂草危害，尤其是稗草和千金子。

"一封二杀三补"是直播水稻化学防治的总策略，其主要目的是防止杂草萌发生长。

"一封"是在播后苗前对稻田进行土壤封闭，该措施是直播稻田化学除草的关键。应选择土壤封闭效果好、除草谱广的除草剂，控制这个时期绝大部分杂草的发生。通常选择针对禾本科杂草稗草、千金子等的除草剂，如丙草胺、苯噻酰草胺、丁草胺、杀草丹等；同时也要选择针对阔叶杂草和莎草的苄嘧磺隆、吡嘧磺隆、氯吡嘧磺隆等除草剂。农民在实际防治时常将这2类除草剂混用，能全面防除稻田杂草。施药前，应先开沟放干稻田水层，施药1～2天后再灌满水，并保持浅水层5～7天。稻田水层排干能让杂草种子露出水面，充分接触药液达到更好的除草效果，及时回水能有效防止水稻产生药害，下雨后开沟排水，防止淹水。直播田进行土壤封闭处理要求稻田平整，不能积水，否则不仅除草效果难以保证，还容易引起药害。

"二杀"是针对第1次施药后仍存活的杂草，并兼治第2个高峰期发生的杂草。如果大龄稗草和千金子等禾本科杂草较多，应选用五氟磺草胺、氰氟草酯、氯吡嘧磺隆、吡嘧磺隆等除草剂进行茎叶处理，也可以选择双草醚进行防治。特别是对于稻田不平整、管理比较粗放的水稻田，这次能较好地控制田间杂草。

"三补"是备选措施，如果前期除草失败，田间仍有相当数量杂草发生时而采取的补充防治措施，同时，要加大用药剂量。防除千金子可以选用氰氟草酯等；防除阔叶杂草和莎草可以选用2甲4氯、灭草松、五氟磺草胺、双草醚等。

24. 旱直播稻田杂草的发生特点如何？怎样防治？

(1) 发生特点

①杂草种类。随着旱直播年限的增加，田间草相越来越复杂。

②出草特点。田间以稗草的竞争力最强，其次是异型莎草、耳叶水苋、野荸荠；千金子在以上杂草存在时，竞争优势不明显，在没有稗草和莎草存在时，分蘖力很强，生长迅速，

危害极大；其他中下层杂草数量和生长量的竞争力均表现很弱。

（2）防治技术

①土壤封闭处理。在水稻播后苗前每亩用 42%恶草·丁草胺乳油 120 毫升，或 50%苄·丁·异丙隆可湿性粉剂 100～120克，或 30%丙草胺乳油 100 毫升加 10%苄嘧磺隆可湿性粉剂 20克，或 50%丁草胺乳油 120 毫升加 10%苄嘧磺隆可湿性粉剂 20克，再加水 50 千克进行喷雾。施药后至秧苗 1 叶 1 心期田面保持湿润，不能有积水。

②茎叶处理。通常在秧苗 2～3 叶期，每亩用 36%苄·二氯可湿性粉剂 50～60 克，或 25 克/升五氟磺草胺乳油 70～80 毫升，或 10%氟吡磺隆可湿性粉剂 25～30 克，加水 50 千克进行喷雾。对千金子多的田块，可在千金子 3～5 叶期每亩用 10%氰氟草酯乳油 80 毫升，加水 50 千克进行喷雾。对莎草和阔叶杂草多的田块，可在水稻 4 叶期后每亩用 13% 2 甲 4 氯水剂 250～300 毫升，或 10%吡嘧磺隆可湿性粉剂 20 克，加水 50 千克进行喷雾。施药时排干田水，施药后 36 小时复水，并保水 3～5 天，防止淹没水稻秧心。

25. 抛秧栽培稻田应如何防草？

抛秧稻田具有杂草发生时期早、出草种类多、杂草密度大、危害期长和损失大的特点。抛秧稻田杂草首先考虑进行农业防治，尽量采取水旱轮作、播种前放水灌田、清除残存杂草、精选种子等措施，以降低田间杂草基数。不过，化学防治仍然是当前广大农户采用的最主要除草措施。具体如下：

抛秧田杂草宜采取压低前期杂草、抑制后期杂草、壮秧抑草的化学防治措施。通过促进禾苗生长发育，利用水稻的群体优势抑制杂草的发生。抛秧田使用除草剂主要有 3 个时期，第

1 个时期是在大田翻耕之前，选用草甘膦等灭生性除草剂对田间和田埂上发生的杂草进行防治，降低大田杂草基数；第 2 个时期通常为水稻抛秧后 5～10 天，施药要均匀，施药时田间应有浅水层，田间保水 5～7 天，常使用苄嘧磺隆·丙草胺、苄嘧磺隆·丁草胺等复配除草剂；抛秧田的部分杂草会出现 2 次发生高峰期，这就是第 3 个施药时期，一般在抛秧稻轻晒田复水时使用二氯喹啉酸、氰氟草酯、恶唑酰草胺等防治后期发生的稗草、莎草科杂草和部分恶性杂草，同时强化田间管理，促进水稻生长，适时适度晒田，中后期坚持湿润管理等。

26. 水稻田除草剂药害主要表现哪些症状？如何预防？

(1) 稻田除草剂药害症状

水稻田在喷施除草剂时，如果发生药害，会对水稻生长产生一定影响，不同除草剂药害症状不同。乙酰乳酸合成酶（ALS）或激素类除草剂的药害症状主要表现为水稻心叶颜色深绿，稻秧显著矮缩，较正常水稻矮 10 厘米左右；水稻叶片收敛不开，叶片呈筒状，叶色浓绿，分蘖发生慢，分蘖少，较正常情况每穴少 5～6 个；水稻根系变褐色、新根少，底叶枯死，严重地块的根部腐烂，稻秧死亡。不同地块症状表现类型不同，或某种症状明显，或几种症状混合发生。专家分析认为，有机磷类除草剂（如莎稗磷等），激素型喹啉羧酸类除草剂（如二氯喹啉酸等），磺酰脲类除草剂（如吡嘧磺隆和苄嘧磺隆等），以及含有以上成分的混配除草剂会产生以上类型的药害症状。原卟啉原氧化酶（PPO）类除草剂药害症状表现为水稻失绿，秧心死亡。

(2) 预防措施

①谨慎选择除草剂。可根据秧龄选择除草剂，在使用过程中，使用安全性高的除草剂，随着秧龄由小到大，对除草剂的耐

药性由低到高。苗床除草剂的安全性要求最高，移栽田除草剂不能用于苗床，否则易产生药害。根据防除对象、杂草的发生类型选择针对该类型的高效的除草剂，如五氟磺草胺对稗草、千金子、异型莎草等一年生杂草有较好的防除效果。对从未使用过的或新品种的除草剂，一定要慎重使用，应先通过小面积试验验证是否安全，效果如何，再决定是否使用。

②按程序配制除草剂应从3个方面进行。首先清洗检修用药器械，药品机械要认真彻底清洗干净，部分除草剂不宜与有机磷类杀虫剂混喷。然后确认用药适期，根据除草剂标签上的说明，弄清药剂名称、剂型、有效成分含量和使用量。根据除草剂的性能，掌握好用药适期，严格按照除草剂使用范围使用。最后确定用药量，严格掌握用药量，按面积计算药量，防止药量过大或不足。不得随意加大用药浓度，避免药害发生，使用除草剂最好采用二次稀释法，即先把原药用少量水稀释搅拌均匀，然后再按稀释倍数加足水量。

③严格作业标准。选择适宜环境条件用药，要熟悉除草剂的药性，根据土壤温度、湿度、质地、整地情况等综合因素进行正确施药。禁止在风力过大和气温异常时用药。使用灭生性除草剂时，要在喷雾器喷头上加戴防护罩，定向喷雾，避免将药液喷到作物上。要特别注意防治漂移，它是导致许多除草剂药害纠纷的元凶。要根据除草剂的性能，确定对某种敏感作物的间隔距离，避免除草剂漂移到敏感作物上，对于敏感作物只要微量的除草剂就能造成药害。

27. 什么是"落田谷"？"落田谷"有哪些危害？如何正确防治"落田谷"？

"落田谷"：在水稻生产中，上季"落田谷"萌发、生长、成穗比较普遍，随着机收的普及，落入田中的"落田谷"数量明显增加。

"落田谷"存在以下危害：

①"落田谷"实生苗挤占了直播稻的生长空间，造成直播稻有效分蘖显著下降，成穗率下降，穗粒数变少，更易倒伏。

②"落田谷"实生苗和直播稻的生育期差异较大，很难找到一个可以兼顾"落田谷"实生苗与直播稻熟期的收获点，出现所收非所种和稻谷纯度差的问题。

③杂交稻"落田谷"实生苗即为 F_2 代，出现严重分离现象，产生一定比例的不育株、半不育株。

④产生种子质量纠纷，增加了管理部门对种子监管的难度。

防治"落田谷"的具体措施如下：

①高度重视上季"落田谷"实生苗的危害。移栽稻中的"落田谷"实生苗比例较少，过去我们不够重视，特别是大穗型的品种因为株高穗大，更不容易发现"落田谷"实生苗的存在，但实际上"落田谷"一直在影响着水稻生产，直播稻让"落田谷"的问题暴露得更充分。

②摸清基数，充分考虑上季生产情况。要充分考虑上季水稻的生产情况，特别是新流转的土地，更是要询问清楚情况，对发生过严重倒伏的田块，下一季要尽量避免进行直播生产。

③深翻让其不能生长。水稻收获后，选晴好天气进行翻耕。一方面利于午季作物适墒播种，另一方面利于让"落田谷"尽量深埋下去，减少第 2 年的发生基数。

④促萌后灭活。前茬收获后，水稻接茬时间较为宽裕的，可放水淹田后再落干，促进"落田谷"提前萌发，再用化学除草剂灭杀。

⑤结合化学除草封杀。

七、绿色优质高效与产业化

1. 什么是绿色稻米？绿色稻米与有机稻米、无公害稻米有何异同？

绿色稻米是遵循可持续发展的原则，按照特定的生产方式生产，经专门机构认定，许可使用绿色食品商标标志的无污染、安全、优质的大米。根据其认证要求，可分为 A 级与 AA 级。

绿色稻米与有机稻米、无公害稻米的共同点是三者都强调第三方认证，都是经过质量认证的安全食品。不同点包括以下几方面：

①认证对象不同。无公害稻米、绿色稻米是以稻米产品为认证对象，属于质量证明商标；而有机稻米的认证对象是土地和生产者，更强调生产过程的质量控制及产品的可追溯性检查。

②质量安全指标要求不同。无公害稻米、绿色稻米产品执行标准不同，在产品质量要求、农残和重金属限定指标上绿色稻米严于无公害稻米。国际上有机稻米一般不要求对产品进行检测。

③商标性质和标识不同。无公害稻米、绿色稻米的标识是产品质量证明商标；有机稻米是生产过程证明商标。分别使用无公害稻米标志、绿色食品标志和有机食品标志。

④质量安全水平不同。无公害稻米等同于国家标准安全食品；绿色稻米等同于发达国家普通安全标准食品；有机稻米等同于生产国或销售国安全标准食品。

⑤认证方法不同。无公害大米和绿色大米，依据标准，强调从土地到餐桌的全过程质量控制。检查检测并重，注重产品质量。有机大米，实行检查员制度，国外通常只进行生产过程检查；国内一般以检查为主，检测为辅，注重生产方式。

⑥运作方式不同。无公害大米由政府运作，公益性认证；产地认定与产品认证相结合，由政府统一发布。绿色大米由政府推动、市场运作；质量认证与商标转让相结合。有机大米是社会化的经营性认证行为；因地制宜、市场运作。

⑦环境质量要求不同。绿色稻米、有机稻米、无公害稻米对产地环境的空气质量要求、灌溉水质要求、土壤环境质量要求的监测指标和允许限量不同。有机稻米对产地环境质量要求严于绿色稻米，绿色稻米严于无公害稻米。

2. 优质稻米的含义及品质分别是什么？

优质稻米是一个广义上的概念，包括的范围和内容较多，仅大米的质量而言就包括了稻谷内在品质、大米加工品质、米质的新鲜程度，涉及种、晒、收、储、加、运等各个环节。一般来说，优质稻米是指采用优质稻品种种植生产的优质稻谷为原料加工精制的，质量符合相应国家质量卫生标准的大米。由于水稻的用途较为单一，85％直接用于食用，因此，优质大米最重要的特征要求就是食味性要好。在国际和国内市场上，不同食味品质的稻米商品价格差异较大。食味较好的粳米品种一般具有以下特点：米饭外观透明而有光泽，粒形完整；无异味，具有米饭特殊的香味；咀嚼饭粒有软、滑、黏、弹力感，咀嚼不变味，略甜。

稻米品质是稻米本身理化特性的综合反映，主要包括碾磨品质、外观品质、蒸煮食味品质、营养品质和贮藏品质等。碾磨品质是指稻谷在脱壳及碾精过程中的品质特性，通常用糙米率、精米率和整精米率等指标表示。外观品质（米粒的形状、大小、垩白度、透明度、颜色和光泽等）是稻米商品价值的主要指标。蒸煮食味品质是指在蒸煮及食用过程中稻米所表现的理化特性及感官特性，如吸水性、延伸性、糊化性、柔软性、黏弹性和香味等，主要由糊化温度、胶稠度和直链淀粉含量等指标表示。营养品质是指稻米营养成分，一般包括淀粉、蛋白质、维生素及矿质元素等含量。衡量稻米品质的标准因用途不同而异，如优质米可分为食用、饲用和工业用优质米等。优质稻米主要是指其米粒透明度好、垩白少、整精米率高、直链淀粉含量中等和食味优良可口等。

3. 优质稻米的生产技术要点有哪些？如何通过改善栽培技术提高稻米品质？

稻米的品质与品种的遗传特性关系密切，但种稻环境条件、栽培技术措施、收获干燥和加工对稻米品质和产量也有一定的影响。优质米只有优质品种在优质栽培技术条件下才能生产出来。改善栽培技术的途径有以下几方面：

①合理选用优质水稻品种。

②稀播育壮秧，适时早播早栽。将灌浆结实期安排在最佳的温光条件下，温度由高渐低。

③平衡施肥，以限氮、增磷、保钾与补硅为主。

④科学灌溉，以井水或无污染的库、河水为灌溉源。采用浅、湿、干相结合的灌溉方式，后期不宜过早断水。

⑤合理防治病虫害，以农业防治为主，化学防治为辅。

⑥适期收获与合理贮藏。

4. 水稻生产的质量标准是什么？

质量标准是规定产品质量特性应达到的技术要求，是产品生产、检验和评定质量的技术依据。我国现行的产品质量标准，从标准的适用范围和领域来看，主要包括国际标准、国家标准、行业标准（或部颁标准）、地方标准和企业标准等。强制性国家标准代号为"GB"，推荐性国家标准代号为"GB/T"。强制性农业行业标准代号为"NY"，推荐性农业行业标准代号为"NY/T"。

目前与水稻生产相关的现行有效的国家标准主要有：《土壤环境质量　农用地土壤污染风险管控标准（试行）》（GB 15618—2018）；《稻谷》（GB 1350—2009）；《水稻中转基因成分测定膜芯片法》（GB/T 31730—2015）；《食品安全国家标准　食品中污染物限量》（GB 2762—2017）等。

目前与水稻生产相关的现行有效的农业行业标准主要有：《无公害食品　水稻生产技术规程》（NY/T 5117—2002）；《有机食品　水稻生产技术规程》（NY/T 1733—2009）；《稻米生产良好农业规范》（NY/T 1752—2009）；《水稻主要病害防治技术规程》（NY/T 2156—2012）；《有机水稻生产质量控制技术规范》（NY/T 2410—2013）；《绿色食品　产地环境质量》（NY/T 391—2013）；《绿色食品　包装通用准则》（NY/T 658—2015）；《绿色食品　稻米》（NY/T 419—2014）；《绿色食品　稻谷》（NY/T 2978—2016）等。

5. 如何提高粳稻生产的效益？

虽然市场对粳稻的需求不断上升，但是当前长江中下游地区的粳稻生产依然面临着生产成本较高和效益较低的问题。为了提高该地区的粳稻生产效益、保障国家粮食安全，一定要以推进农业供给侧结构性改革为主线，围绕农业增效和农民增收，加快结构调整步伐，提高粳稻的综合效益和竞争力。可以从以下几个方面入手：

①优化产品结构。首先，选择外观和食味俱佳的粳稻品种；其次，突出优质、安全、绿色导向，加强产地环境保护和源头治理，优化水、肥、药等栽培技术，严格规范农药施用，适应市场对优质、绿色粳稻的需求。

②降低生产成本。加快土地流转，积极发展适度规模经营，大力提升农机作业、农田灌排、统防统治、烘干仓储等经营性社会化服务水平，从而提高水稻生产的规模化、机械化和专业化水平，降低水稻生产的各项成本。

③品牌建设。以专业合作社、公司＋农户等多种方式，推进"三品一标"（无公害农产品、绿色食品、有机农产品和农产品地理标志）认证，强化品牌建设，实现优质优价，提高生产效益。

6. 哪几种稻田养殖模式适用于长江中下游发展粳稻生产？

长江中下游地区气候适宜、水资源丰富，有利于稻田养殖。目前该地区稻田养殖模式多种多样，主要包括稻田养鱼、养鸭、养虾、养蟹、养鳖、养泥鳅、养黄鳝等。各地均因地制宜，发展出具有区域特色和优势的稻田养殖模式，比较著名的有浙江青田的稻田养鱼模式、湖北潜江的稻田养殖小龙虾模式等。总而言之，各地要在充分进行市场调研的基础上，合理规划，根据当地的生态环境，选择适宜的粳稻品种和养殖种类，科学种养，走规模化、专业化、标准化、品牌化和产业化的稻田养殖之路。

7. 稻田养殖有什么优势？又有哪些不足？其田间管理技术的要点有哪些？

稻田养殖是指利用稻田的浅水环境，辅以人工措施，实现水稻种植和水产品养殖有机结合的高效生态农业生产方式。稻田养殖在我国历史悠久，模式多样。随着水稻生产方式的转变和人们对绿色优质农产品的巨大需求，稻田养殖正重新受到越来越多的关注。

稻田养殖实现了水稻与水生生物的互利共生，与传统单作稻田相比，有诸多优势：

①既生产水稻，又生产动物蛋白，能够提高水稻生产效益，增加农民收入。

②提高了资源利用效率，有效地节约了水土资源。

③降低农药、化肥的施用量，既提高了产品品质，又能保护生态环境等。

虽然稻田养殖具有很多优点，但是盲目发展也可能导致很多问题，比如：

①稻田养殖需要较多的劳动力投入，需要进行详细的成本—收益分析，以确定合理的养殖模式和生产规模。

②稻田养殖同时涉及水稻种植和水产品养殖，技术较为复杂，对生产者的知识和技能要求较高，需要加强技术培训，降低生产风险。

稻田养殖模式多种多样，不同模式和不同地区间生产管理技术差异很大。总体上，稻田养殖一定要坚持因地制宜的原则：

①选择水质环境较好的地区，防止水环境污染对水生生物的危害。

②根据不同水生生物的习性特点，建设合理的田间工程，确定合理的放养品种、密度、投料量等。

③水稻的行株距配置以及农药和化肥的施用需要根据水生生物的生长要求进行适当调整。

8. 如何开展绿色优质稻米品牌创建与产业化生产？

开展绿色优质稻米品牌创建是粳稻产业提质增效的有效途径。创建一个绿色优质稻米品牌首先需要申请一个稻米的注册商标，对产品进行市场保护；其次要选择适宜当地生态条件的优质高产粳稻品种，同时开展产地环境监测，产地的空气、水、土壤等生态环境质量必须符合绿色食品生产的标准；然后按照绿色稻谷的产品标准和生产技术规范组织田间生产，在农药和肥料施用、包装、运输、储存和加工等各个环节均要符合绿色稻谷生产技术标准。收获后的稻米产品要按照食品安全国家标准和绿色食品标准要求进行食品安全检验，在检验合格后方可申请绿色稻米认证。获得绿色稻米认证后方可在产品的包装上使用绿色食品标签，标志和标签应符合《中国绿色食品商标标志设计使用规范手册》的规定。

在获得绿色稻米认证后，应继续按照绿色稻米的产品标准和生产规范进行标准化的生产和加工，确保产品品质。在销售环节，应开展适当的产品宣传和市场营销以扩大品牌的影响力和美誉度。为了提高产品的附加值，可在绿色稻米原材料的基础上，进行产品的深加工，开发符合市场需求的各类绿色稻米制品，以延长绿色稻米的产业链，提升经济效益。